先进钢铁材料技术丛书

钢的微观组织图像精选

钢铁研究总院结构材料研究所
先进钢铁材料技术国家工程研究中心　　编
中国金属学会特殊钢分会

北　京
冶 金 工 业 出 版 社
2009

内 容 提 要

本书精选了近年来国内钢的微观组织图像一百余幅，并按非合金钢、低合金钢、合金钢和其他进行了分类。这些图像的研究对象和研究方法体现了近年来国内新型钢铁材料研发和生产的新进展。在研究对象上，涉及了高性能低成本碳结钢（如细晶粒钢、超细晶粒钢），高强度低合金钢（如 TRIP 钢、高级别管线钢、耐候钢等），长寿命高强度合金结构钢（如微合金非调质钢、耐延迟断裂螺栓钢、抗疲劳弹簧钢、长寿命齿轮钢等），节约资源型不锈耐蚀钢（如高氮不锈钢、铁素体时效不锈钢、高强度不锈钢、双相不锈钢等），高效率耐热钢（如超超临界火电机组用铁素体耐热钢等），超高洁净度高碳铬轴承钢，高性能工具钢等新型先进钢铁材料；在研究方法上，应用了包括数字金相显微镜技术、彩色金相技术、高分辨透射电镜分析技术（TEM）、高分辨场发射扫描电镜分析技术（SEM）、电子背散射衍射分析技术（EBSD）等先进微观组织分析技术。本书适合从事钢铁材料研发和生产的科技人员、高等院校相关专业师生阅读参考。

图书在版编目（CIP）数据

钢的微观组织图像精选 / 钢铁研究总院结构材料研究所等编. —北京：冶金工业出版社，2009.1
（2009.10 重印）
（先进钢铁材料技术丛书）
ISBN 978-7-5024-4770-0

Ⅰ. 钢… Ⅱ. 钢… Ⅲ. 钢—金相组织—图集
Ⅳ. TG142.1-64

中国版本图书馆 CIP 数据核字（2008）第 176724 号

出 版 人　曹胜利
地　　址　北京北河沿大街嵩祝院北巷 39 号，邮编 100009
电　　话　(010)64027926　电子信箱　postmaster@cnmip.com.cn
策划编辑　张　卫　责任编辑　王雪涛　美术编辑　李　新
版式设计　张　青　责任校对　王贺兰　责任印制　牛晓波
ISBN 978-7-5024-4770-0
北京盛通印刷股份有限公司印刷；冶金工业出版社发行；各地新华书店经销
2009 年 1 月第 1 版，2009 年 10 月第 2 次印刷
169mm×239mm；11 印张；7 彩页；232 千字；162 页；2001-4000 册
60.00 元

冶金工业出版社发行部　电话：(010)64044283　传真：(010)64027893
冶金书店　地址：北京东四西大街 46 号(100711)　电话：(010)65289081
（本书如有印装质量问题，本社发行部负责退换）

《先进钢铁材料技术丛书》
编辑委员会

序　言

钢铁材料具有资源丰富、生产规模大、品种规格多、性能稳定且多样化等特点，并易于加工、价格低廉。钢铁材料既方便使用，又便于回收，是人类从铁器时代就开始使用的材料，目前也是工业生产和人民生活中最广泛使用的材料。在可以预见的未来，还没有哪一种材料能够全面取代钢铁材料的作用。钢铁材料是人类社会进步的重要物质基础。

我国经济和社会持续不断地发展，钢产量持续快速增长，自 1996 年以来，粗钢产量连续十年保持世界首位。但是，金属矿产资源、能源、交通运输和环境等方面却难以支撑不断增长且数量庞大的钢材生产和使用的需求。在技术进步和各种材料的竞争条件下，人们提出了钢铁材料合理生产和创新发展的问题。那么，中国需要什么样的钢铁材料呢？

进入 21 世纪，一方面，国民经济各个部门都需要高性能、高精度和低成本的先进钢铁材料，如高层建筑、海洋设施、大跨度重载桥梁、高速铁路、轻型节能汽车、石油开采和长距离油气输送管线、大型储存容器、工程机械、精密仪器、大型民用船舶、军用舰艇、航空航天和国防装备等都需要专业用途的先进钢铁材料；另一方面，社会的发展对钢铁的生产、加工、使用和回收等环节又提出了节约能源、节省金属矿产资源、保持环境等要求。因此，从科学发展观来看，我们现在和未来的经济建设和社会发展迫切需要的先进钢铁材料，应该是采用先进技术生产的高技术含量的钢铁材料，是具有高性能、高精度、低成本、绿色化为特征的钢铁材料，如高强度、高韧性、长寿命的高性能化；高形状尺寸精度和高表面质量的高精度化；低合金含量和优化工艺流程的低成本化；易于回收和再利用的绿色化。

近年来，在国家发改委、国防科工委和国家科技部的大力支持下，国内的科研院所、高校和企业的研发人员承担了国家工程研究中心、重点工程配套材料、国家支撑计划、国家“973”规划、国家“863”计划等国家重要科技项目工作，开展了先进钢铁材料的研发，在基础理论、工艺技术、产品应用等方面都取得了很好的成绩。为了促进钢铁材料发展，满足市场需要，先进钢铁材料技术国家工程研究中心、中国金属学会特殊钢分会和冶金工业出版社共同发起，并由先进钢铁材料技术国家工程研究中心和中国金属学会特殊钢分会负责组织编写了《先进钢铁材料技术丛书》。先进钢铁材料技术国家工程研究中心专家委员会专家和中国金属学会特殊钢分会的专业人员组成本套丛书的编辑委员会。本套丛书的编写与出版具有时代意义。丛书编委会将组织国内钢铁冶金和材料领域的知名学者分别撰写，努力反映先进钢铁材料的科研、生产和应用的最新进展。期望本套丛书能够在推动先进钢铁材料的研究、生产和应用等方面发挥积极作用。本套丛书的出版可以为钢铁材料生产和使用部门的技术人员提供先进钢铁材料生产和使用的技术基础，也可为相关大专院校师生提供教学参考。我们组织编写《先进钢铁材料技术丛书》尚属首次。本套丛书将分册撰写，陆续出版。书中存在的疏漏和不足之处，欢迎读者批评指正。

《先进钢铁材料技术丛书》编委会

前　　言

由于性能的多样化，钢广泛地应用于各个领域，是经济发展和国防建设的基础材料。钢之所以具有性能多样化的特征，源自于其组织结构的多样化。丰富多彩的组织变化构成了钢种的庞大体系。

钢是不断发展的新材料，其组织结构有些是已知的，还有很多有待确定。随着科学技术的发展，特别是检测技术和设备的发展，人们对钢的微观组织结构的理解不断深入。对微观组织的理解和运用是研发先进钢铁材料的基础。

多年来，国内钢铁研发、生产和应用单位重视钢的微观组织研究，获得了很多成果，支撑了钢的研发工作。本书精选了近年来国内钢的微观组织图像一百余幅，这些图像的作者均是钢铁生产、教学、科研单位的一线科研工作人员。本书对精选的一百余幅图像按非合金钢、低合金钢、合金钢和其他进行了分类。这些精选图像的研究对象和研究方法体现了近年来国内先进钢铁材料研发和分析测试技术的新进展：在研究对象上，涉及了高性能低成本碳结钢（如细晶粒钢、超细晶粒钢等）、高强度低合金钢（如 TRIP 钢、管线钢、耐候钢等）、长寿命高强度合金结构钢（如微合金非调质钢、耐延迟断裂螺栓钢、抗疲劳破坏弹簧钢、长寿命齿轮钢等）、节约资源型不锈耐蚀钢（如高氮不锈钢、铁素体不锈钢、高强度不锈钢、双相不锈钢等）、高效率耐热钢（如超超临界火电机组用铁素体耐热钢等）、超高洁净度高碳铬轴承钢、高性能工具钢等新型先进钢铁材料；在研究方法上，应用了包括数字金相显微镜技术、彩色金相技术、高分辨透射电镜分析技术（TEM）、高分辨场发射扫描电镜分析技术（SEM）、电子背散射衍射分析技术（EBSD）等在内的先进微观组织分析测试技术。本书基本反映了近期先进钢铁材料研发的进展，具有代表性和参考价值，能够对从事钢铁材料研发、教学、生产和应用的人员有所帮助。

自 2004 年起，钢铁研究总院结构材料研究所、先进钢铁材料技术国家工程研究中心和中国金属学会特殊钢分会连续举办了四届全国范围的“钢的微观组织图像竞赛活动”，吸引了全国数十家钢铁企业、学校、科研院所的广大钢铁科技人员参与。送选作品反映了近年来我国钢铁工业的产品技术进步，本书大部分图像选自上述竞赛活动中评选出的优秀作品。我们对参加竞赛活动的作者表示敬意，对入选作品的作者表示感谢，我们组织国内有关专家对每幅图像进行了认真评审，保证了图像的质量和技术水平。中国工程院院长徐匡迪院士、钢铁研究总院院长干勇院士、中国金属学会理事长翁宇庆教授等对先进钢铁材料技术研发倾注了大量心血，给予了细致指导和大力支持，培育了良好的钢铁材料微观组织研究活动氛围，借此表示衷心的感谢和敬意。感谢刘正才、刘正东、张永权、陈其安、苏杰、杨志勇、杨树森、赵先存、康喜范、程世长、董瀚、雍岐龙（以姓氏笔画为序）等专家对编辑出版工作的专业技术指导。本书的出版意在激发从事微观组织结构分析科研人员的兴趣，推动我国钢铁材料技术研发活动。陈鹰、刘苏、刘正才、刘正东、董瀚具体负责本书的编写工作，鉴于编者认识水平所限，书中不妥之处，恳请广大读者批评指正。

编　者

2008 年 11 月

目　　录

1　非合金钢

铁素体区轧制的低碳钢组织

作　　者：田玉伟　苏崇涛
工作单位：本溪钢铁集团有限公司技术中心
研究对象：低碳薄带钢
拍摄设备：ZEISS 金相显微镜
拍摄时间：2005 年

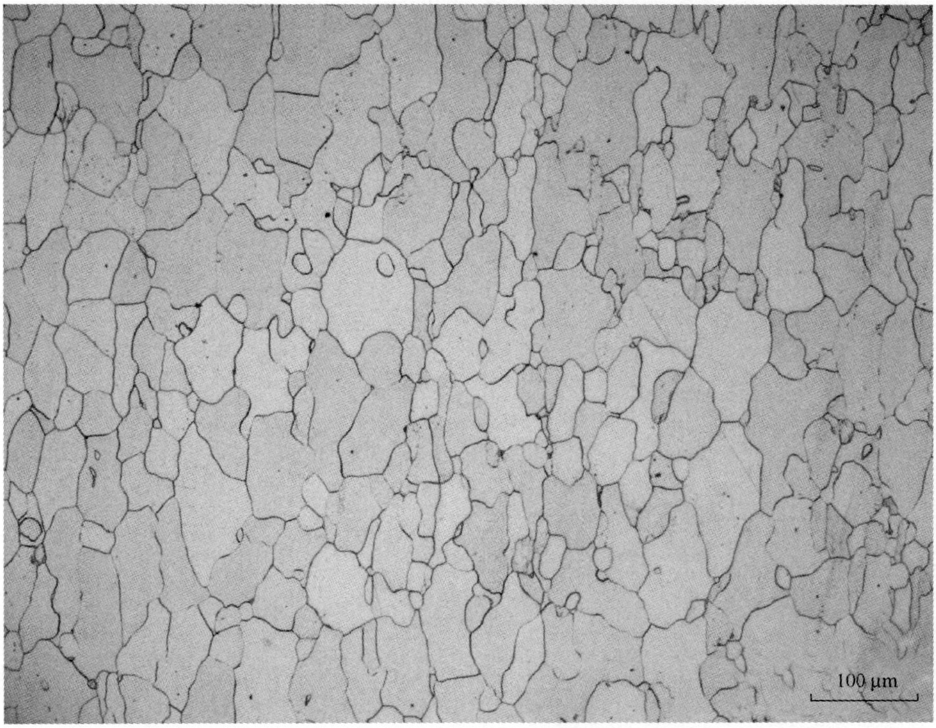

拍摄经历及技术背景:

ZEISS 金相显微镜 100 倍下获得。对于低碳或超低碳钢的薄带钢生产，可以通过在铁素体区控制轧制来完成，其产品可以作为部分冷轧薄板和退火钢板的替代品，具有提高生产率和降低成本等优点。

碳结构的韧窝形貌

作　　者：黄　磊
工作单位：鞍山钢铁股份有限公司技术中心
研究对象：碳素结构钢
拍摄设备：Quanta400HV SEM
拍摄时间：2008 年 6 月

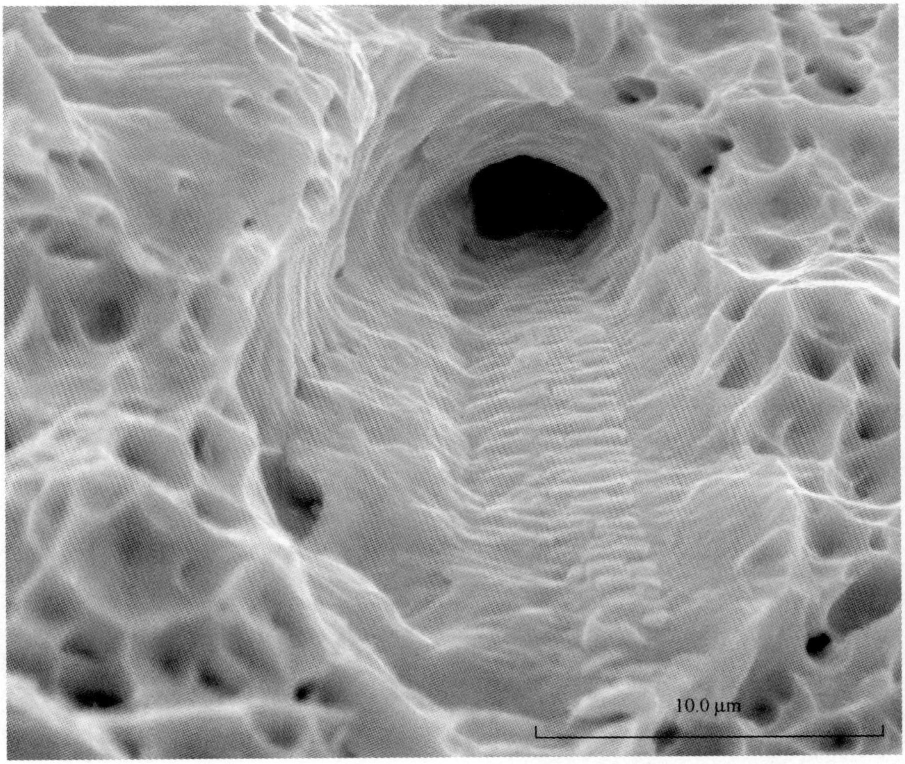

拍摄经历及技术背景：
拍摄条件：高压 25 kV，束斑 3.5；
工作距离：10 mm；
试样成分（质量分数）：0.08%C、0.50%Mn、0.20%Si、0.006%P、0.008%S；
断口韧窝内分布的是硫化锰夹杂。

细晶粒钢微观组织

作　　者：田玉伟　苏崇涛
工作单位：本溪钢铁集团有限公司技术中心
研究对象：细晶粒钢
拍摄设备：ZEISS 金相显微镜
拍摄时间：2005 年 8 月

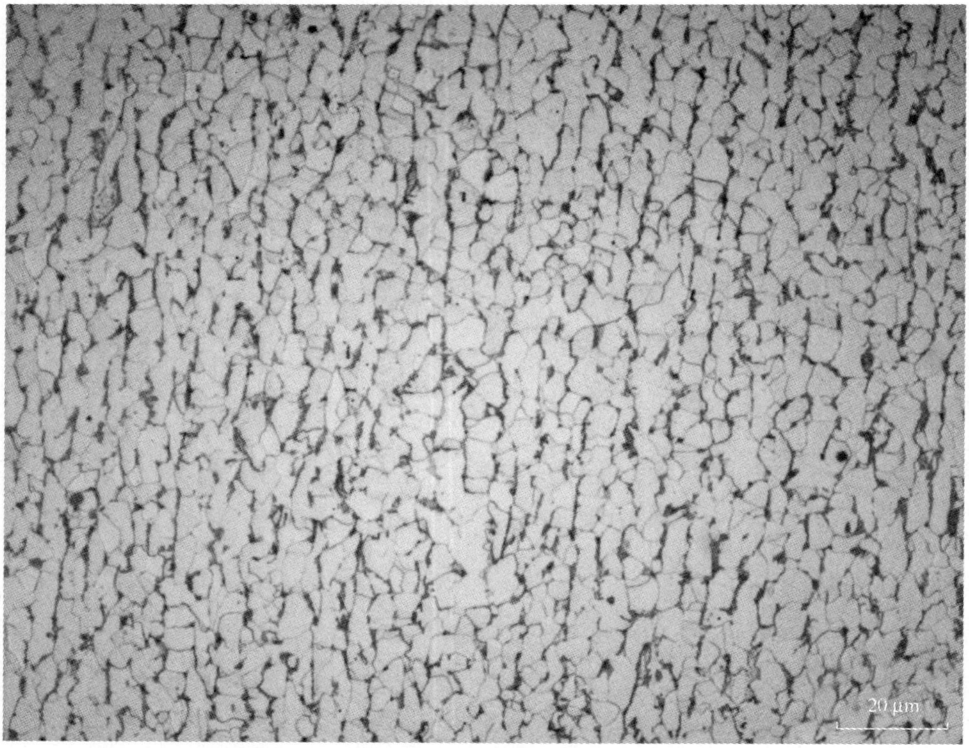

拍摄经历及技术背景：

通过形变诱导铁素体相变及加入很少量的微合金元素铌，通过控制轧制与冷却在碳素结构钢中可以获得几微米的晶粒，使钢的屈服强度从 200 MPa 级提高到 500 MPa 级。在 ZEISS 金相显微镜 500 倍下获得的组织形貌。

08 钢形变诱导铁素体相变组织

作　　者：王慧敏　杨忠民
工作单位：钢铁研究总院结构材料研究所
研究对象：08 钢形变诱导铁素体相变组织
拍摄设备：Leica MEF4M 型光学显微镜
拍摄时间：2004 年 10 月

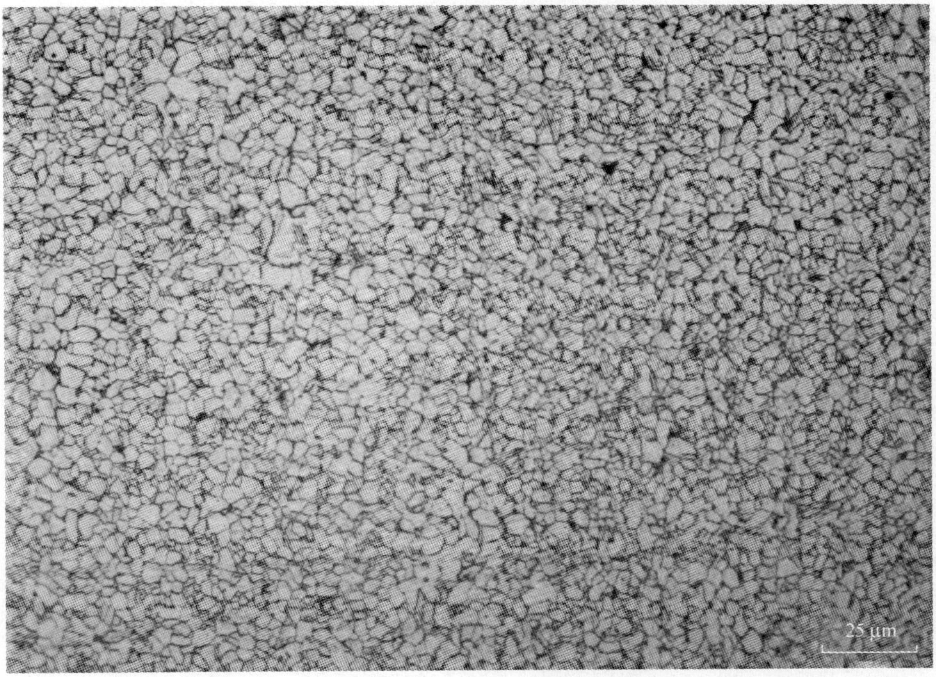

拍摄经历及技术背景：

08 钢经低温、大变形、高应变速率的工艺路线，发生了形变诱导铁素体相变，生成大量的、均匀的细铁素体晶粒。试样钢具有较高的强度、韧性及良好的焊接性能。

侵蚀液：3%硝酸酒精。

HRB400 螺纹钢组织

作　　者：徐道元　李　蓓
工作单位：马鞍山钢铁股份有限公司
研究对象：HRB400 螺纹钢
拍摄设备：Axiovert-200MAT 显微镜
拍摄时间：2006 年 4 月

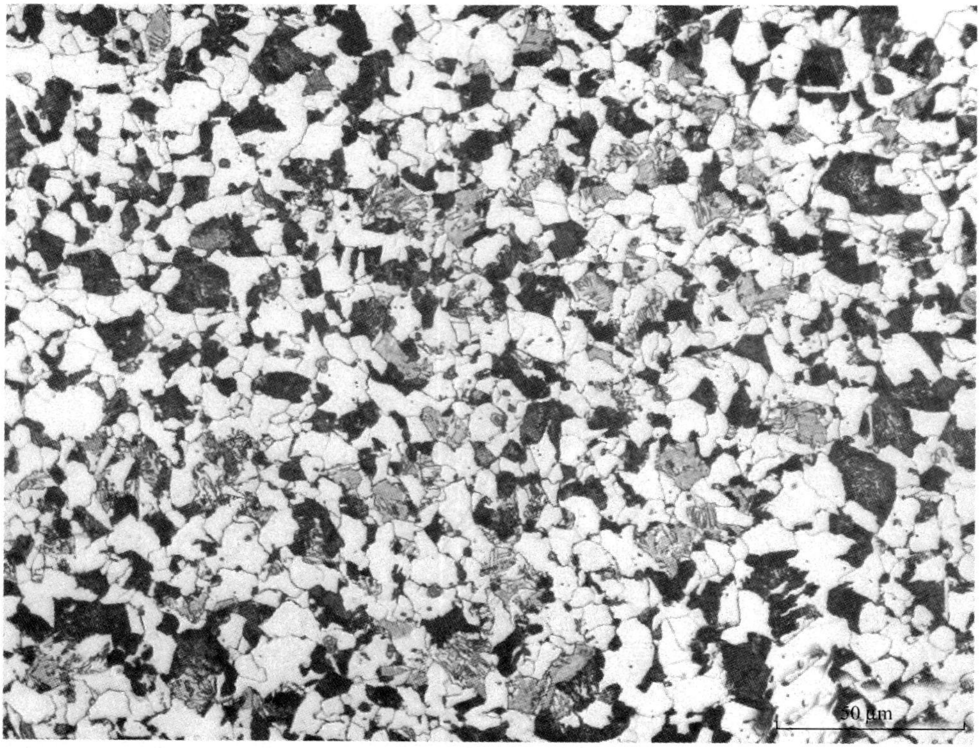

拍摄经历及技术背景：
试样名称：螺纹钢；钢号:HRB400；规格：ϕ16.0mm；
样品状态：热轧+穿水；
试样组织为铁素体+珠光体+岛状马氏体；
腐蚀剂：硝酸酒精侵蚀。

C-Mn 钢马氏体相变诱发的位错

作　　者：徐荣杰
工作单位：鞍山钢铁股份有限公司技术中心
研究对象：C-Mn 钢
拍摄设备：FEI Tecnai G²20 TEM
拍摄时间：2008 年 5 月

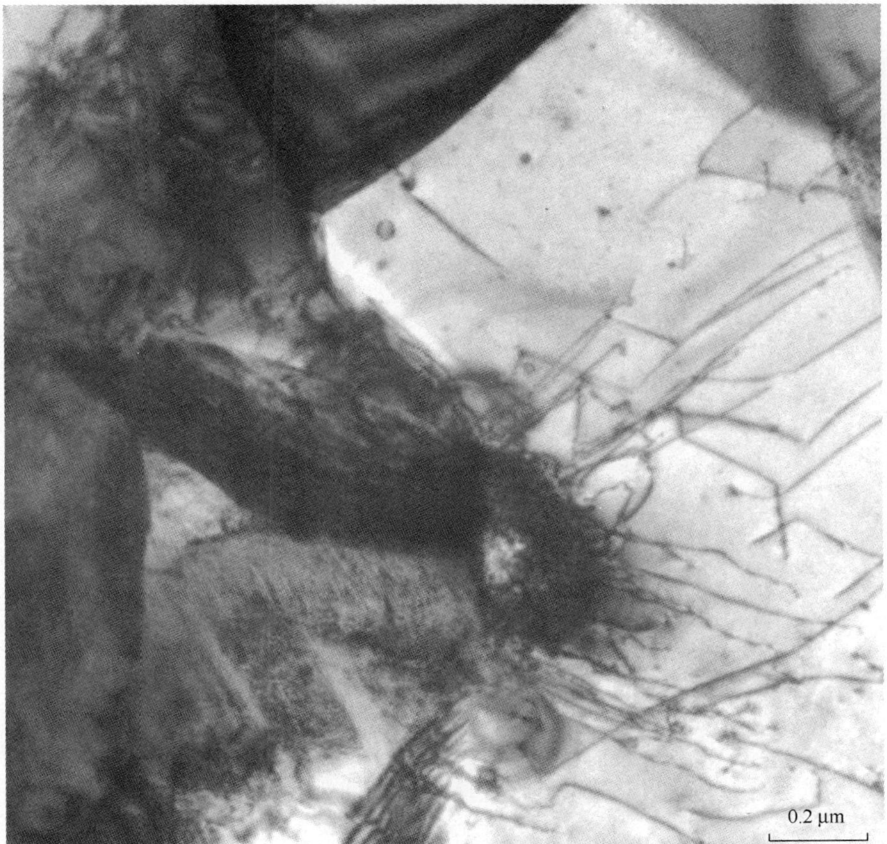

拍摄经历及技术背景：
拍摄条件：高压 200kV，束斑 1.0；
试样成分（质量分数）：0.06%C、0.50%Mn、0.10%Si、0.015%P、0.016%S；
马氏体转变时，由于体积膨胀，铁素体基体由于应变产生大量位错。

汽车大梁钢重叠晶体内平行条纹像

作　　者：徐荣杰
工作单位：鞍山钢铁股份有限公司技术中心
研究对象：汽车大梁钢
拍摄设备：FEI Tecnai $G^2$20 TEM
拍摄时间：2008 年 6 月

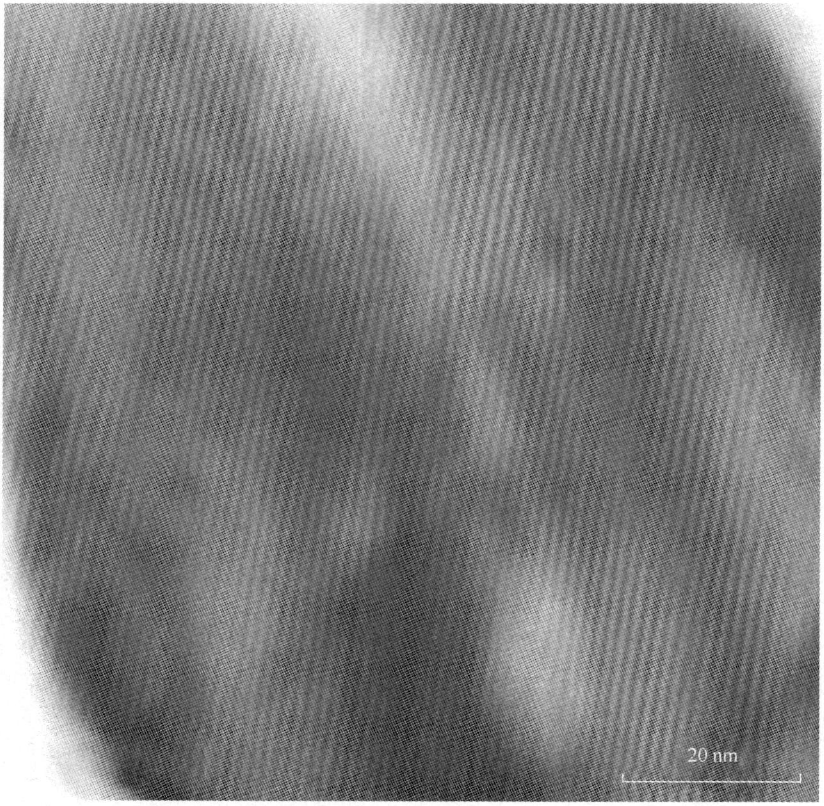

拍摄经历及技术背景：

拍摄条件：高压 200kV，束斑 1.0；

试样成分（质量分数）：0.05%C、0.50%Mn、0.20%Si、0.020%P、0.015%S；

重叠 α-Fe 晶粒产生的平行条纹像，可以直接观察到位错（右上角）的存在。可以凭此技术，观察到细小（3nm 以下）共格二相粒子及其他晶体缺陷。

汽车大梁钢的铁素体晶界

作　　者：王晓峰
工作单位：鞍山钢铁股份有限公司技术中心
研究对象：汽车大梁钢
拍摄设备：Tecnai G^2 20TEM
拍摄时间：2006 年 12 月

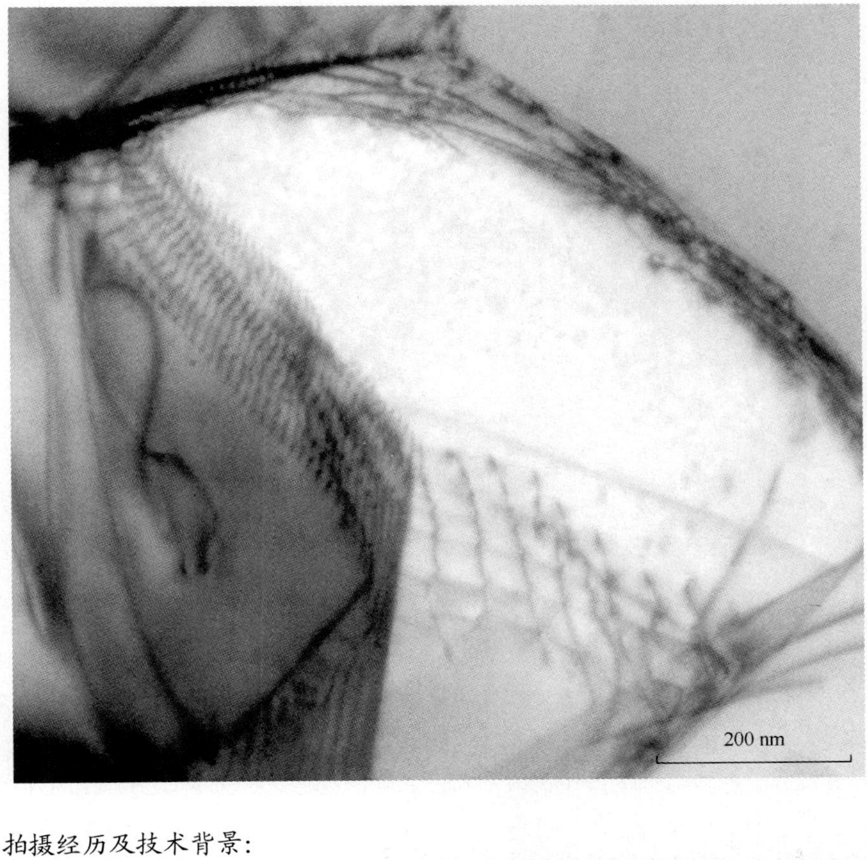

拍摄经历及技术背景：
拍摄自汽车用大梁钢薄膜样品，可清晰观察到位错形成的铁素体小角晶界和晶界。

SPCC 冷轧板分层起皮

作　　者：陈茂敬
工作单位：山东泰山钢铁集团有限公司新材料研究所
研究对象：SPCC 冷轧板分层
拍摄设备：X30 扫描电子显微镜
拍摄时间：2007 年 8 月

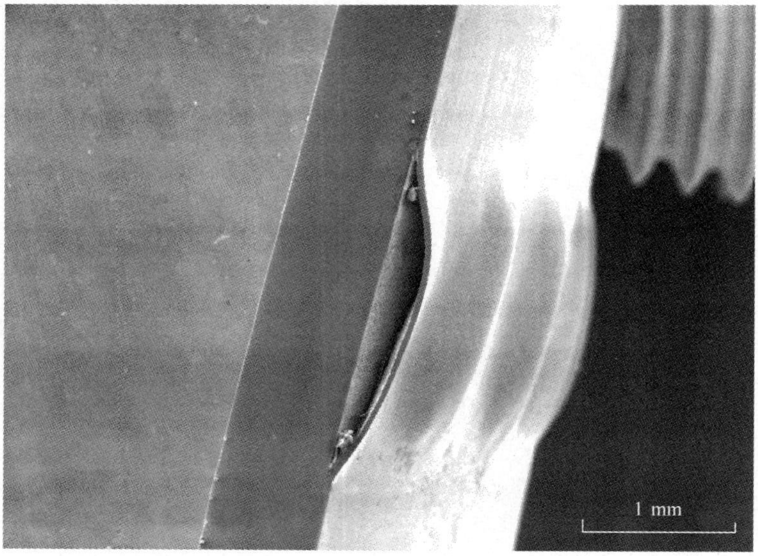

拍摄经历及技术背景：

该 SPCC 冷轧板是沿轧制方向，在表面的中部出现分层起皮缺陷，位于板的一面，集中在板的中部。分层试样一边与基体分离能揭起，另一边与基体连接根部有褶皱现象。试样在剪切弯曲过程中出现气泡状突起。

冷轧板分层起皮缺陷的产生：气泡状凸起缺陷处微区成分 P、Ca、O 的存在主要与造渣不良、钢水黏度大、转炉渣除渣不彻底有关，含 Si、Al、K、Ca 和 Na 的复合夹杂与中间包和结晶器中的保护渣卷入铸坯有关。

牌号	规格 /mm×mm	化学成分(质量分数)/%					力学性能			冷弯
		C	Si	Mn	P	S	R_{eH}/MPa	R_m/MPa	A/%	180°
SPCC	0.8×800	0.06	0.04	0.17	0.017	0.028	300	365	40	合格

低碳铆螺钢经低温轧制后快速冷却的组织

作　　者：李 壮 吴 迪
工作单位：东北大学轧制技术及连轧自动化国家重点实验室
研究对象：铆螺钢
拍摄设备：Quanta 600 型扫描电子显微镜
拍摄时间：2007 年 4 月

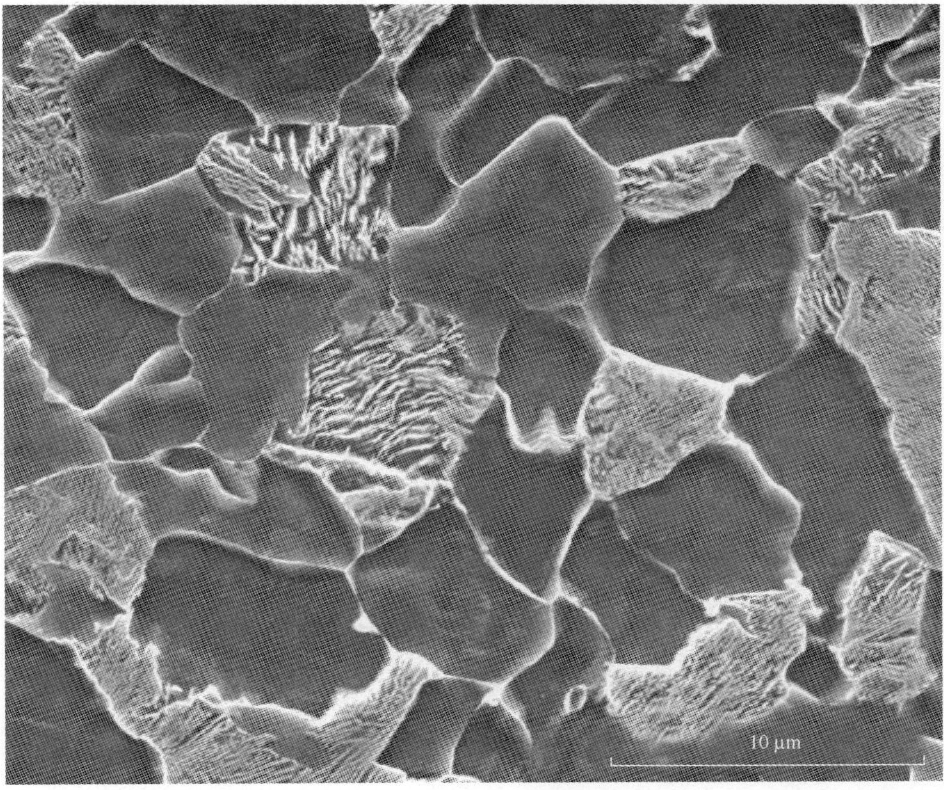

拍摄经历及技术背景：

试样经磨抛和 4%硝酸酒精腐蚀后采用 Quanta 600 型扫描电子显微镜拍摄。成分（质量分数）：0.148%C、0.07%Si、0.5%Mn、0.0094%P、0.017%S。组织：铁素体和珠光体，铁素体晶粒尺寸为 2.56 μm。钢材性能：抗拉强度 530 MPa，屈服强度 410 MPa，伸长率 36%。

工艺：钢的奥氏体化温度为 1150℃，进行 5 道次轧制，变形量分别为 43%→29%

→33%→25%→33%。在轧制过程中，通过控制道次的间隔时间来控制终轧温度，终轧后冷却介质为水，坯料冷却速度在 25～30℃/s 左右。具体工艺参数如下：开轧温度为 850℃，终轧温度为 730℃，水冷后温度为 650℃。

技术背景：通过控轧控冷使低碳铆螺钢原料强度和塑性提高，以低碳代中碳，将会简化生产工艺，降低能耗，提高铆螺钢棒线材的产品质量。作者通过实验室对低碳铆螺钢进行控轧控冷实验，结果表明：在终冷温度 650～550℃温度范围内时，终冷温度越低，珠光体片间距越细，强度和塑性越好；轧制温度低，形变诱导铁素体相变，铁素体晶粒越细化。低温轧制较常规轧制后快速冷却可以获得更好的综合力学性能。终轧冷却速度越大，铁素体晶粒细化越明显。

夹杂物引起的冷镦开裂

作　　者：甄琴英　李　军
工作单位：邢台钢铁有限责任公司技术中心
研究对象：Q195 钢
拍摄设备：JSM-5610Lv
拍摄时间：2002 年

拍摄经历及技术背景：

在研究 Q195 钢中夹杂物级别、大小及距表面距离与冷镦开裂关系时获取。将热轧盘条表层车去 1mm 后，进行冷顶锻检验，观察表面是否开裂。在开裂的试样裂纹中观察到夹杂物。

Q195 钢坯中的气泡内壁

作　　者：甄琴英　李　军
工作单位：邢台钢铁有限责任公司技术中心
研究对象：Q195 钢
拍摄设备：JSM-5610Lv
拍摄时间：2002 年

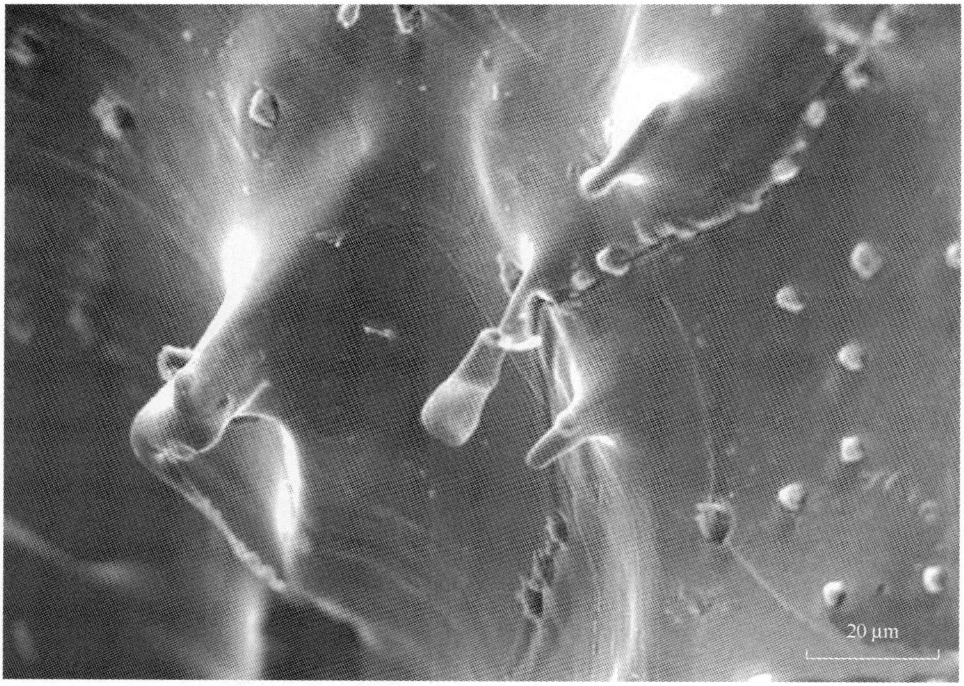

拍摄经历及技术背景：

Q195 钢中存在大量气泡，在研究气泡与钢表面质量及冷成形性的关系过程中，观察了真实的气泡内壁形态。受冶炼-连铸工艺影响，Q195 钢坯在距表面 40 mm 内分布有大量气泡，由钢坯表面向内 20 mm 切取试样，细磨后发现有许多孔洞（气泡），挑开尚有薄层铁基体封闭未受任何污染的气泡，用超声波清洗后观察，发现具有自由面的气泡内壁呈乳突状，沿晶分布有 MnS 颗粒。

细晶粒 Q235 螺纹钢组织

作　　者：陈　颖
工作单位：钢铁研究总院结构材料研究所
研究对象：Q235 螺纹钢
拍摄设备：SISC IASV8.0 金相图像分析仪
拍摄时间：2004 年 9 月

拍摄经历及技术背景：
工艺：控轧控冷；
状态：热轧态；
腐蚀剂：4%硝酸酒精；
采样位置：横肋处。

试样力学性能

屈服强度/MPa	抗拉强度/MPa	屈　强　比
390/390	545/545	0.72/0.72

注："—/—" 分别代表两次测试结果。

穿水冷却 Q235B 螺纹钢组织

作　　者：田玉伟　王　强
工作单位：本溪钢铁公司
研究对象：Q235B 螺纹钢
拍摄设备：蔡司显微镜
拍摄时间：2007 年 3 月 23 日

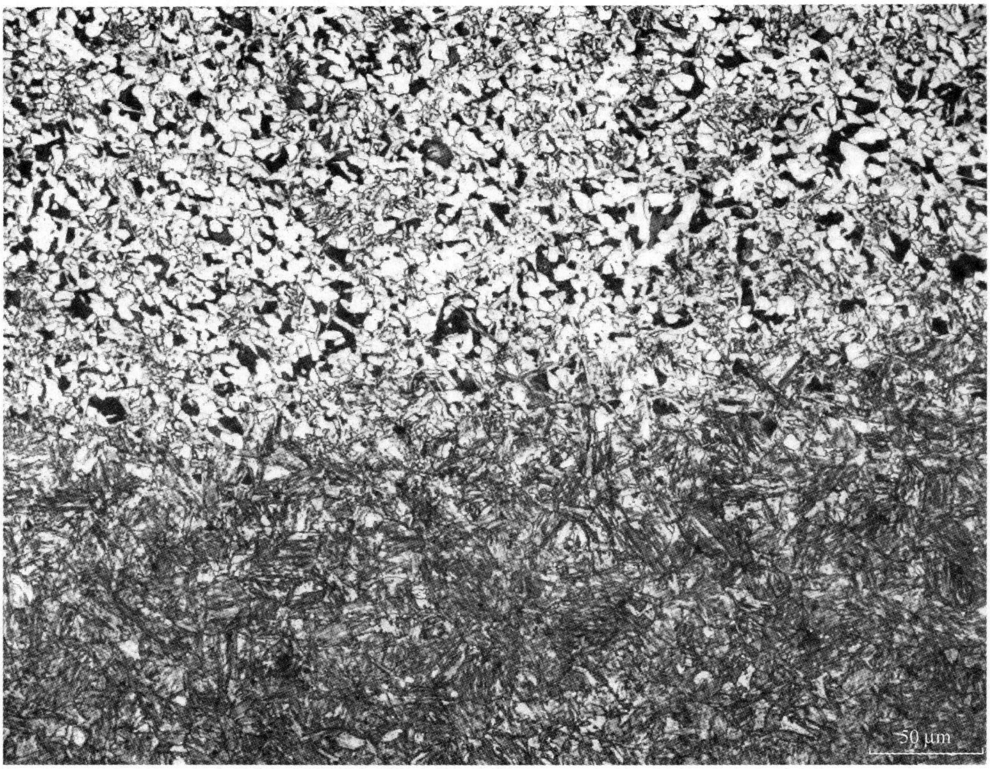

拍摄经历及技术背景：

显微组织：基体为铁素体与珠光体；表面为回火索氏体；

组织为 Q235B 螺纹钢经过穿水处理，细化基体晶粒，并在表面形成淬火马氏体，再利用基体的余热对表面进行高温回火，使表面获得回火索氏体，提高其强韧性来替代 20MnSi 二级螺纹钢，降低成本。

变形中碳钢空冷相变组织

作　　者：曹会改
工作单位：钢铁研究总院结构材料研究所
研究对象：中碳钢
拍摄设备：S-4300 扫描电子显微镜
拍摄时间：2005 年 6 月

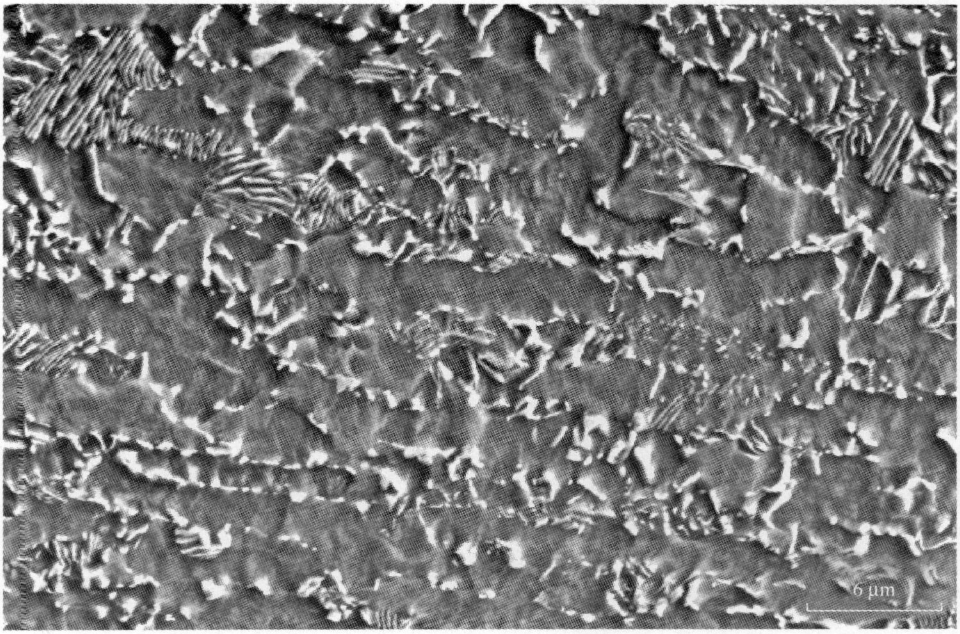

拍摄经历及技术背景：

该图为中碳钢在接近于 Ar_3 温度变形后空冷得到的较细的铁素体和珠光体的混合组织。部分珠光体以在铁素体基体上分布的非片层状渗碳体形态存在，这种弥散分布的第二相组织有利于改善中碳钢的韧塑性。

45 钢魏氏体组织

作　　者：韩鹏州　高建华　冉月飞　李戈飞
工作单位：石家庄钢铁股份有限公司
研究对象：45 钢
拍摄设备：Axio Cam MRc
拍摄时间：2005 年 8 月

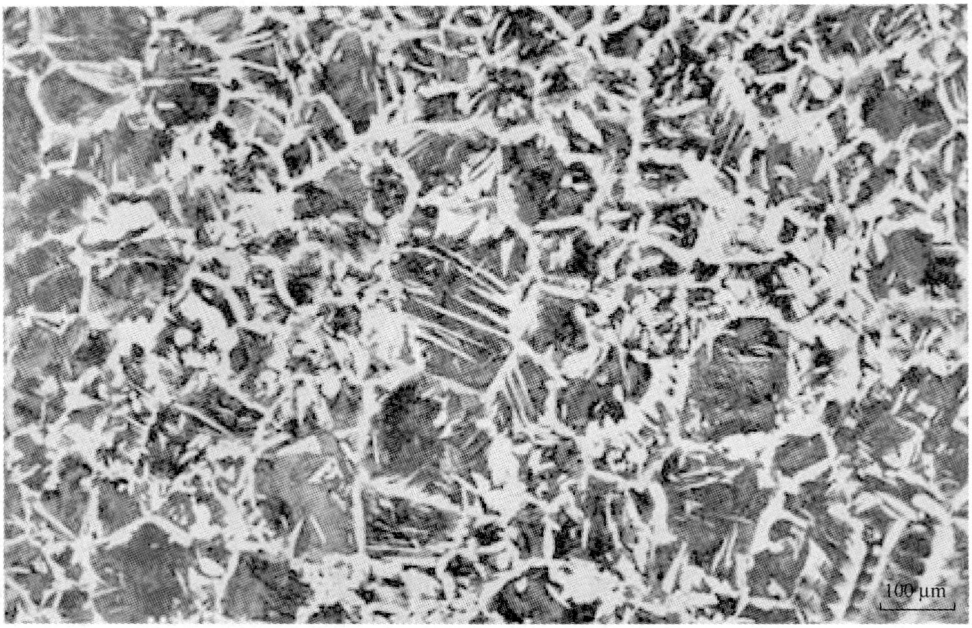

拍摄经历及技术背景：

45 钢经 1100℃加热，空冷，4%硝酸酒精侵蚀。

中碳钢形变诱导渗碳体析出

作　　者：黄源慧
工作单位：钢铁研究总院结构材料研究所
研究对象：中碳钢
拍摄设备：日立 S-4300 冷场发射扫描电子显微镜
拍摄时间：2008 年 7 月

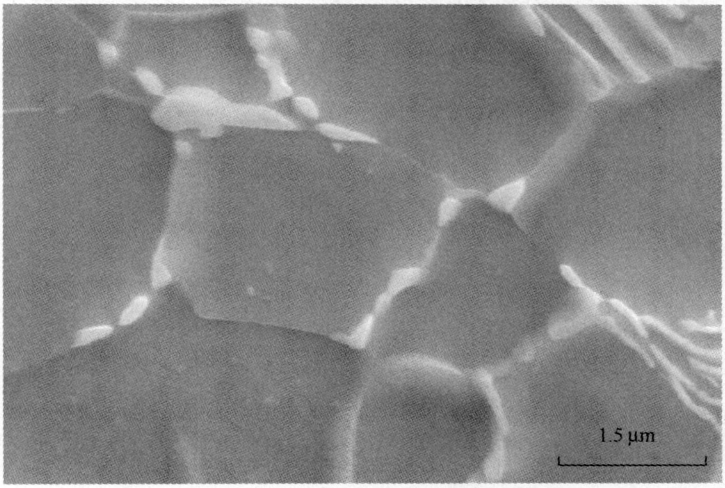

图 1　形变诱导铁素体边界渗碳体析出

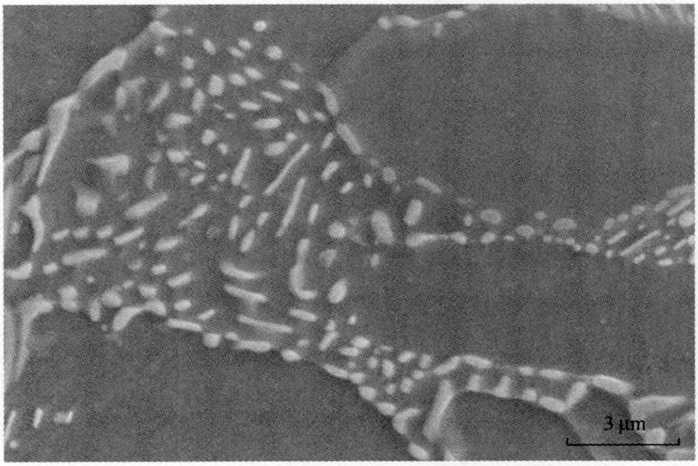

图 2　过冷奥氏体变形后珠光体

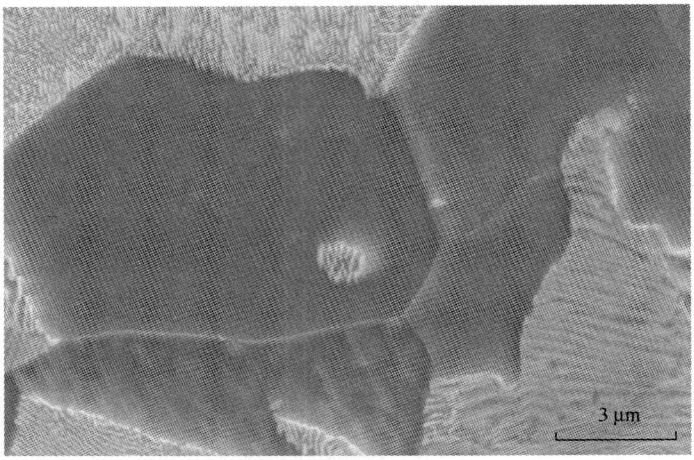

图 3　形变诱导铁素体晶内渗碳体

拍摄经历及技术背景：

中碳钢在临界奥氏体温度区间经过大变形后，形变诱导铁素体晶内过饱和的碳沿铁素体边界析出，在铁素体边界析出的颗粒状渗碳体能够有效地钉扎住铁素体边界，抑制铁素体长大（图 1）。珠光体中的渗碳体片层球化而成为在铁素体基体上分布的球状渗碳体（图 2）。在临界奥氏体温度区间经过大变形后，形变诱导铁素体晶内过饱和的碳在铁素体晶内沿一定位向析出（图 3）。

工艺：将 35 号钢奥氏体化后以 10℃/s 冷却至 690℃压缩变形 60%，冷却速率为 10℃/s，变形后空冷 500℃水淬。

72AL 线材拉拔过程中的组织流变特征

作　　者：吴立新　张彦文　曾　静
工作单位：武汉钢铁（集团）公司技术中心
研究对象：72AL 线材
拍摄设备：Quanta 400 SEM
拍摄时间：2005 年 8 月

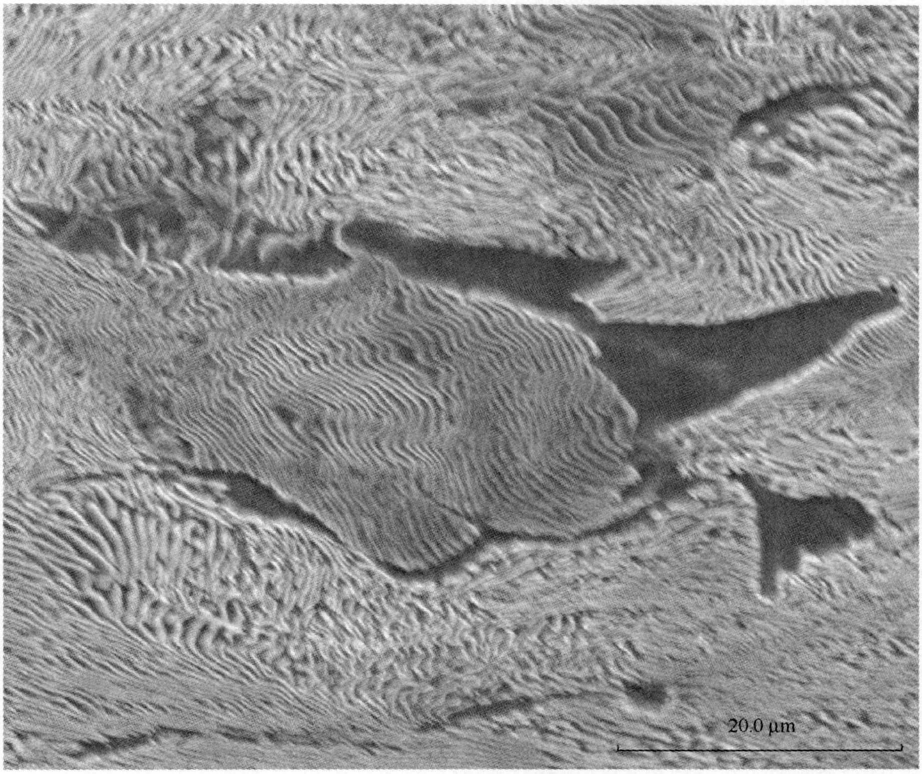

拍摄经历及技术背景：

用于制造钢帘线的 72AL 线材在从ϕ5.5 mm 初拉拔至ϕ5.0 mm 时发生部分断裂，断口基本呈笔尖状和漏斗状的匹配断口。拉拔前的线材组织为细珠光体团及少量沿珠光体团界面分布的片条状铁素体。细珠光体团中渗碳体和铁素体片层结合较紧凑，而界面片条状铁素体在变形较大时易断开。在该类断口附近的中心纵截面上可见该组织沿拉拔方向（水平方向）的流变特征。

82B 钢组织影响冷拔性能

作　　者：王志奋　李平和　邓照军
工作单位：武汉钢铁（集团）公司研究院
研究对象：82B 钢
拍摄设备：JEM-2000FXⅡ型透射电子显微镜
拍摄时间：2007 年 8 月

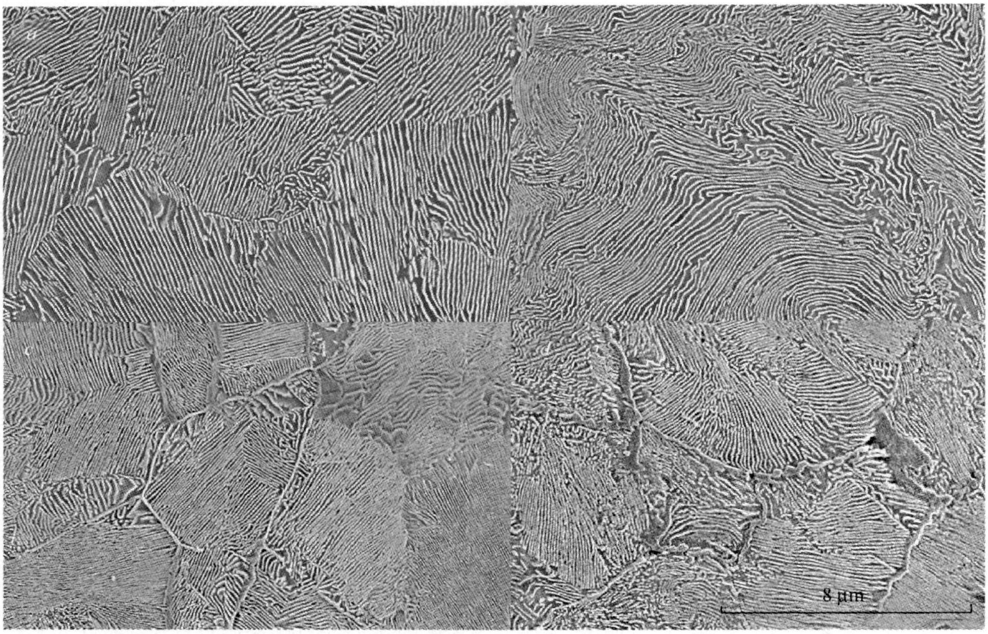

拍摄经历及技术背景

两个生产批次的 82B 钢，经冷拔后，一个批次性能良好，另一批次冷拔后发生断裂。经电镜观察，性能良好的试样冷拔前为片状珠光体，片层间距均匀（图 *a*），冷拔后，渗碳体片发生明显变形（图 *b*）。冷拔断裂试样珠光体片层不均匀，晶粒被沿晶的网状渗碳体包围（图 *c*），经变形后，由于网状渗碳体的束缚晶粒变形小，渗碳体片变形也不明显，而网状渗碳体附近的铁素体发生明显塑性变形（图 *d*）。可以看出，沿晶网状渗碳体是影响 82B 钢冷拔性能的主要原因。

试样制备采用高氯酸+冰乙酸电解抛光腐蚀，在 JEM2000FXII 型电镜中的 STEM 观察拍照。

高碳钢的珠光体片层

作　　者：李文竹
工作单位：鞍山钢铁股份有限公司技术中心
研究对象：高碳钢
拍摄设备：Quanta400HV SEM X30 扫描电子显微镜
拍摄时间：2007 年 10 月

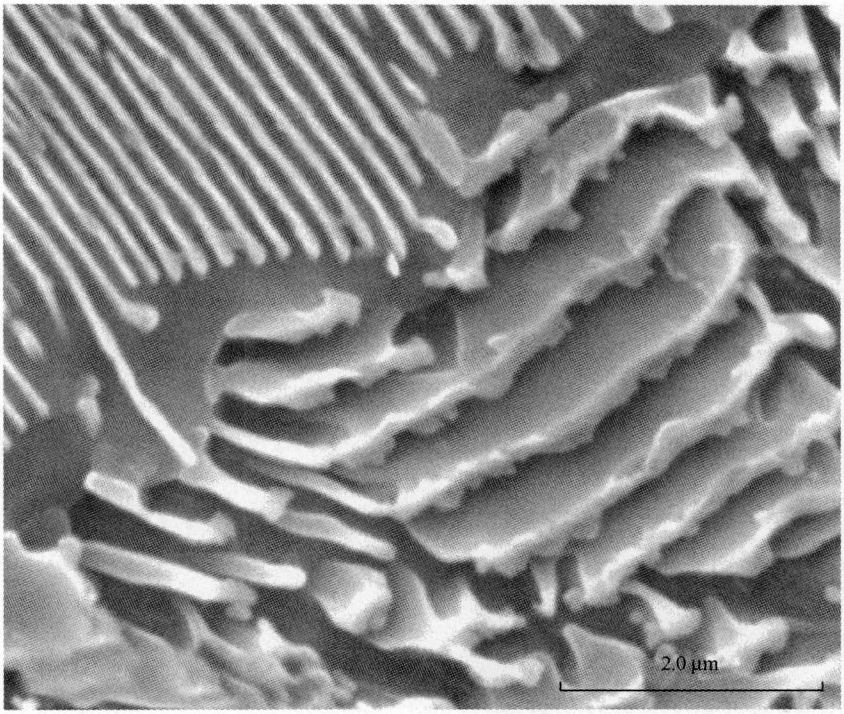

拍摄经历及技术背景：
拍摄条件：高压 20kV，束斑 3.5；
工作距离：8.5mm 获得珠光体片层的立体形貌；
试样成分（质量分数）：0.75%C、0.50%Mn、0.15%Si、0.016%P、0.016%S。

2 低合金钢

20MnSiNb 的连铸坯组织

作　　者：刘红兵　阮建华　杨贤明　蒋泰旭
工作单位：云南昆钢技术中心
研究对象：20MnSiNb 钢连铸坯
拍摄设备：IAS/6.0 图像分析仪
拍摄时间：2005 年 6 月

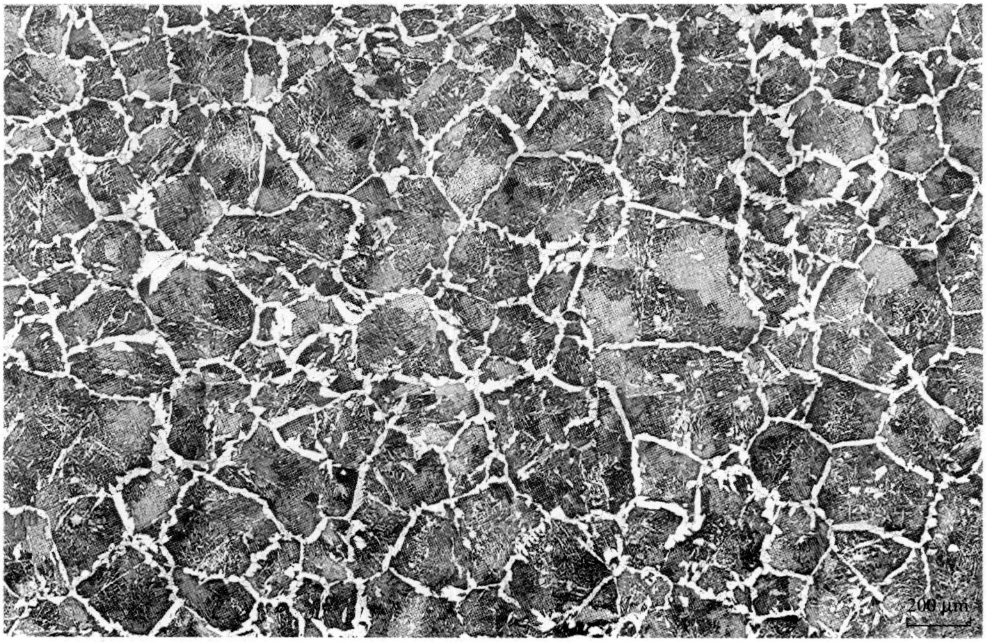

拍摄经历及技术背景：

20MnSiNb 连铸坯用于生产 HRB400 含铌微合金化热轧带肋钢筋。金相组织为珠光体+网状铁素体+晶内针状铁素体。侵蚀剂为 4%硝酸酒精。

E46 船板钢中解理断口及硅酸盐夹杂

作　　者：刘小林
工作单位：江西省新余市新钢公司技术中心
研究对象：E46 船板钢
拍摄设备：S250MK3 扫描电子显微镜
拍摄时间：2004 年 12 月

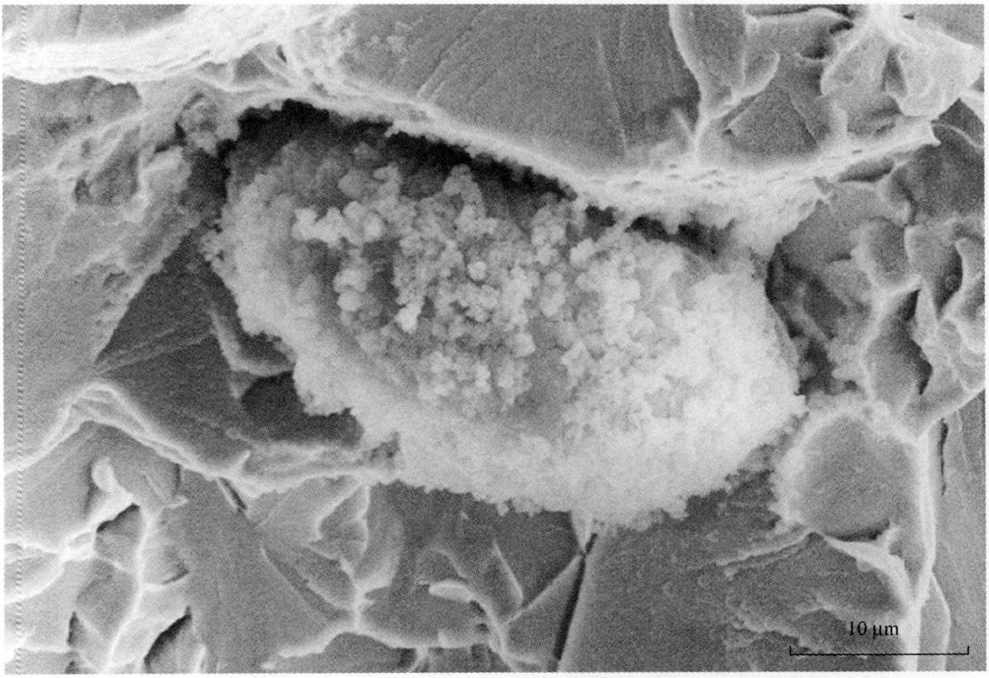

拍摄经历及技术背景：

在北京科技大学利用 S250MK3 扫描电子显微镜观察韧性较低的 E46 船板钢冲击断口形貌时，所拍摄的解理断口及硅酸盐夹杂。

低合金钢铸坯表面网络状 Cu-Ni-As 富集相

作　　者：吴立新　张彦文　曾　静
工作单位：武汉钢铁（集团）公司研究院
研究对象：低合金钢铸坯
拍摄设备：Quanta 400 SEM
拍摄时间：2005 年 7 月

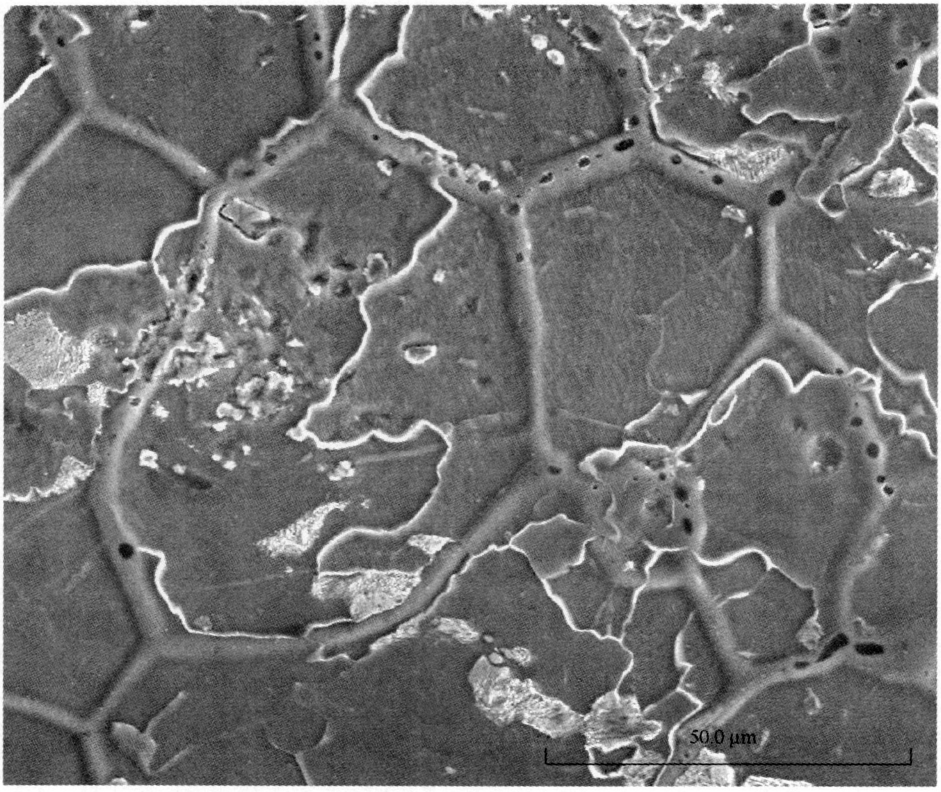

拍摄经历及技术背景：

钢中铜、镍是一对孪生兄弟，它们一般情况下同时存在于钢中，是难氧化元素，在冶炼过程中不能去除。由于高温下的选择氧化，特别是铜在钢材表面氧化过程中将富集在铁鳞与钢材的界面上，除铁鳞时难以去除而保留在钢材中，当铜富集达到一定程度时将导致钢材的热脆现象。钢中砷是一种有害元素，在现行冶炼工艺条件下无法去除。已有文献指出砷的有害作用是加剧铜的富集。某厂生产的 70 kgf/mm^2 级低合金钢铸坯表面出现大量网状裂纹，局部取样沿铸坯表面轻微磨制金相抛光面，3%硝酸酒精侵蚀后在扫描电子显微镜下可见铸坯表层存在大量网络状 Cu-Ni-As 富集相。X 射线能谱仪在该富集相上可检测出明显的 Cu、Ni、As 能量峰，定量点分析表明，富集相处 Cu、Ni、As 元素含量（质量分数）分别达：4.1%、4.6%、2.8%，而非富集相处则检测不出 Cu、Ni、As 的能量峰。铸坯表面该网络状 Cu-Ni-As 富集相与宏观网状裂纹的关系值得进一步研究。

铌 的 析 出

作　　者：黄　磊
工作单位：鞍山钢铁股份有限公司技术中心
研究对象：含铌低合金钢
拍摄设备：Quanta 400HV 扫描电镜
拍摄时间：2007 年 10 月 12 日

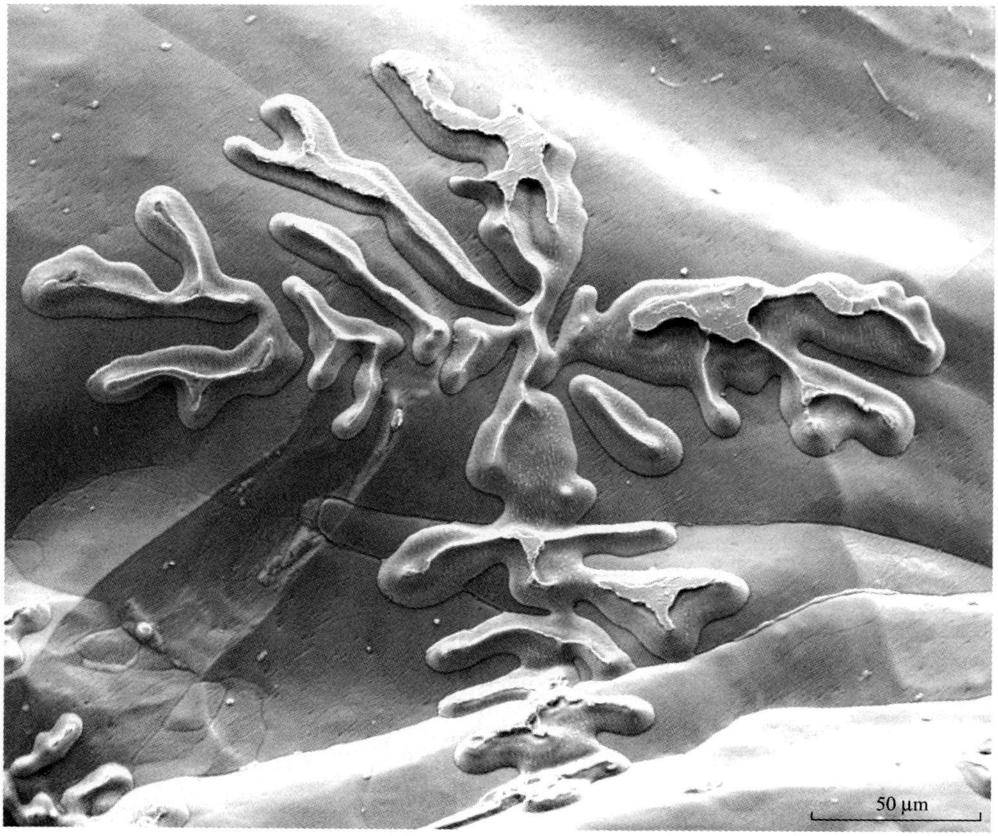

拍摄经历及技术背景：

拍摄条件：高压 20kV，束斑 4.5；工作距离：8.5mm；

试样成分（质量分数）：0.15%C，0.50%Mn，0.15%Si，0.016%P，0.016%S，0.20%Nb。

含铌钢中断口自由面上树枝状的铌析出。

形变诱导铁素体形貌

作　　者：徐荣杰　杨　静　王道远
工作单位：鞍山钢铁股份有限公司技术中心
研究对象：X70 管线钢
拍摄设备：Tecnai G^2 20
拍摄时间：2005 年 7 月

拍摄经历及技术背景：

照片拍摄自 X70 大变形管线钢样品，证实了大变形条件下 X70 管线钢生成了细小的形变诱导铁素体。形变诱导铁素体尺寸为 1～2 μm，等轴特征明显，位错密度较低，内有大量 10～20 nm 的 NbC 粒子。从图中可看出，第二相粒子分布均匀，对铁素体晶界钉扎不明显，属于 NbC 在铁素体晶内的均匀析出。它既不同于奥氏体内的形变诱导析出（形变诱导析出的 NbC 有明显的偏聚特征），也不同于普通的铁素体晶内均匀析出（普通铁素体晶内均匀析出的 NbC 尺寸要小得多）。这是因为当 fcc 结构的奥氏体向 bcc 结构的铁素体转变时，由于两者溶度积的差别，铌、碳处于较大的过饱和状态，与此同时形变诱导铁素体位错密度较低，不能提供足够的非均匀形核位置，必然导致多数 NbC 粒子以均匀形核方式析出。另外，形变诱导铁素体的形成温度高于普通铁素体，形变诱导铁素体内 NbC 的析出温度也必然高于普通铁素体内 NbC 析出温度，这正是 NbC 尺寸较大的原因。（图中左面晶粒内有位错构成的小角度晶界，进一步细化了形变诱导铁素体）。

形变诱导 Fe_3C 相间析出

作　　者：杨卓越　孙新军
工作单位：钢铁研究总院结构材料研究所
研究对象：低碳钢
拍摄设备：H-800 透射电子显微镜
拍摄时间：2004 年 6 月

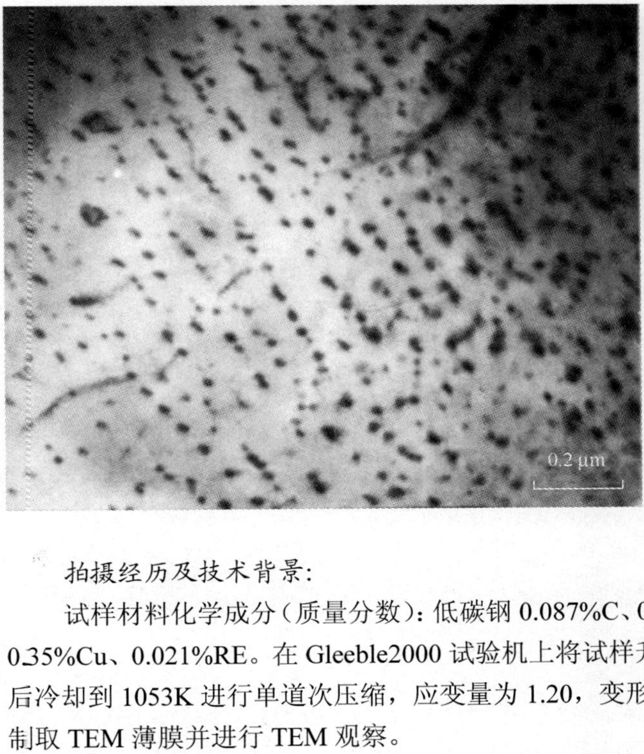

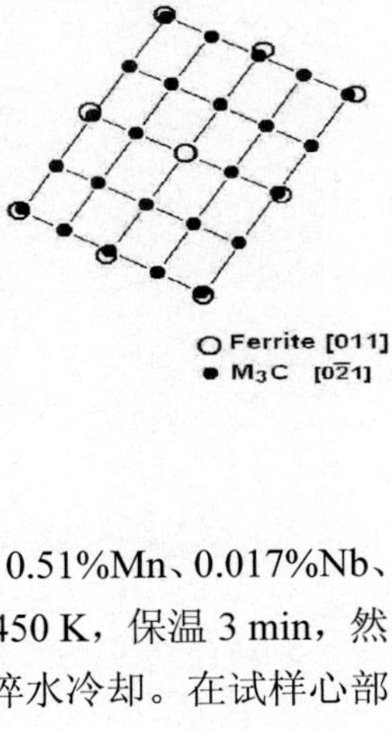

拍摄经历及技术背景：

试样材料化学成分（质量分数）：低碳钢 0.087%C、0.25%Si、0.51%Mn、0.017%Nb、0.35%Cu、0.021%RE。在 Gleeble2000 试验机上将试样升温至 1450 K，保温 3 min，然后冷却到 1053K 进行单道次压缩，应变量为 1.20，变形后立即淬水冷却。在试样心部制取 TEM 薄膜并进行 TEM 观察。

以往关于 Fe_3C 相间析出的研究表明：该析出发生于较低温度（低于 823K）和（或）较高含碳量的钢中（中碳或共析钢）。该照片则显示了在形变过程中，即使在低碳钢中和较高温度条件下（1053K），也会发生 Fe_3C 相间析出。由于 Fe_3C 相间析出本质上属于共析转变，因而变形过程中 Fe_3C 的相间析出为变形诱导共析转变，变形使共析转变温度从约 1000 K 提高到了高于 1053 K。

IF 钢冷轧变形组织

作　　者：张寿禄
工作单位：太原钢铁集团公司技术中心
研究对象：IF 钢
拍摄设备：LEO438VP 扫描电镜 4QBSD 背散射电子探测器
拍摄时间：2007 年 8 月

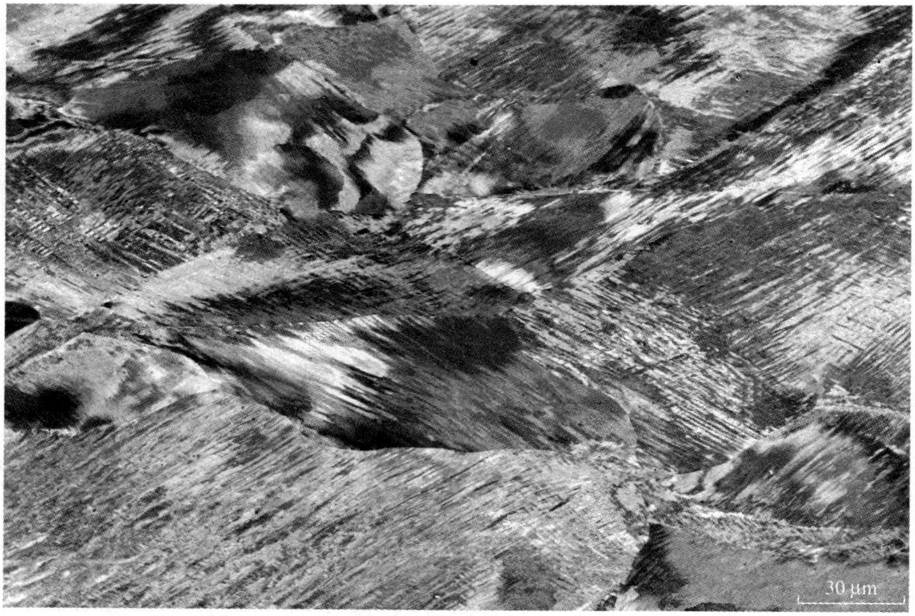

拍摄经历及技术背景：

IF 钢经冷轧变形 30%后，试样经金相抛光后再进行电解抛光，然后采用扫描电镜中背散射电子晶体取向衬度成像技术拍摄到的变形组织，从中可以清楚地观察到变形晶粒内的滑移变形带，还可见大量的交滑移。

IF 钢变形退火后的部分再结晶组织

作　　者：张寿禄
工作单位：太原钢铁集团公司技术中心
研究对象：IF 钢
拍摄设备：LEO438VP 扫描电镜 4QBSD 背散射电子探测器
拍摄时间：2007 年 8 月

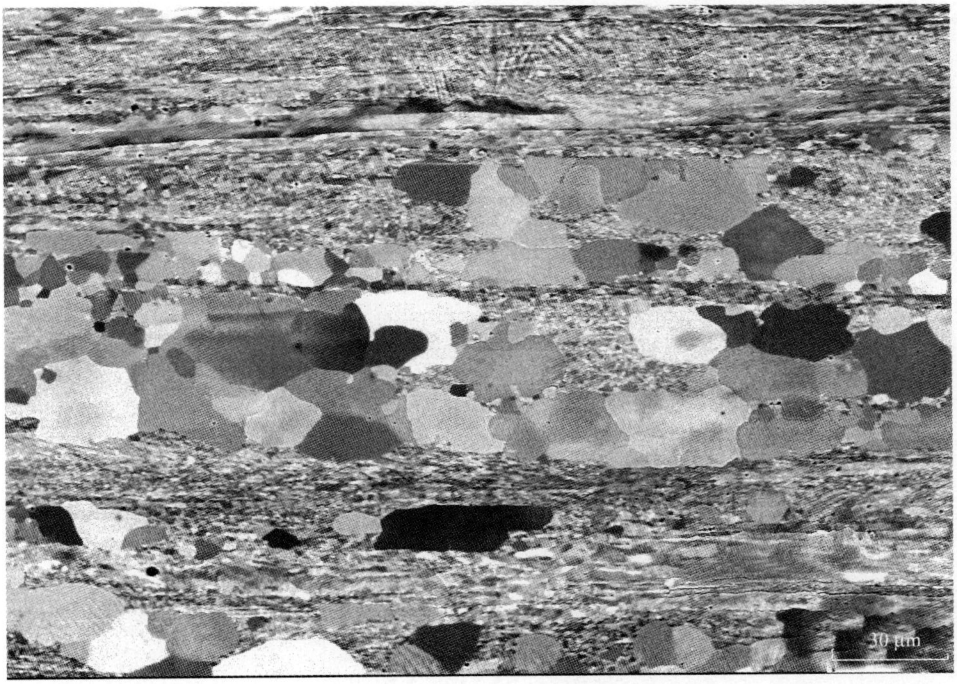

拍摄经历及技术背景：

IF 钢经冷轧变形 90%后，在 740℃短时间退火后，经金相抛光后再进行电解抛光，然后采用扫描电镜中背散射电子探测器的晶体取向衬度成像技术拍摄到的部分再结晶组织，其中再结晶晶粒的明暗灰度不同是由于晶粒取向不同造成的。

IF 钢的晶界钉扎

作　　者：徐荣杰　杨　静　王道远
工作单位：鞍山钢铁股份有限公司技术中心
研究对象：IF-Ti 钢
拍摄设备：Tecnai G^2 20
拍摄时间：2005 年 4 月

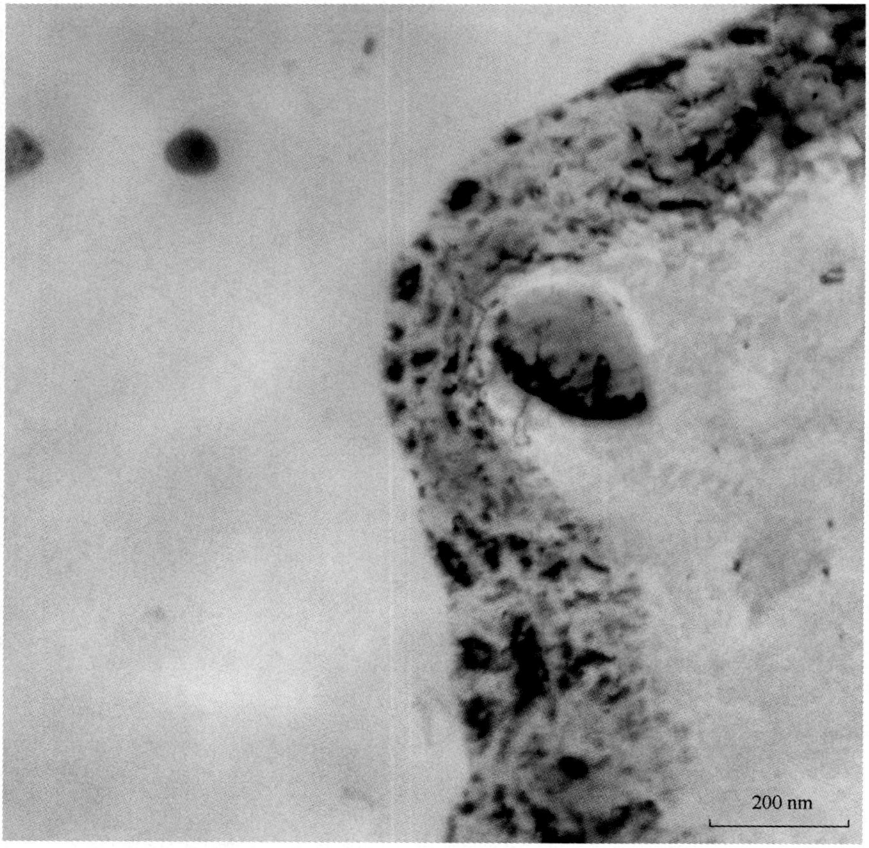

拍摄经历及技术背景：

拍摄自 IF-Ti 钢薄膜样品，显示 IF-Ti 钢中 200 nm 左右的二相粒子对晶界具有钉扎作用，而且大量实验证明这种钉扎现象是普遍存在的，这样就为通过控制二相粒子的分布来控制 IF-Ti 钢的织构提供了可能。

第二相粒子周围萌生的位错

作　　者：王　平
工作单位：鞍山钢铁股份有限公司技术中心
研究对象：低合金钢
拍摄设备：FEI Tecnai $G^2$20
拍摄时间：2008 年 5 月

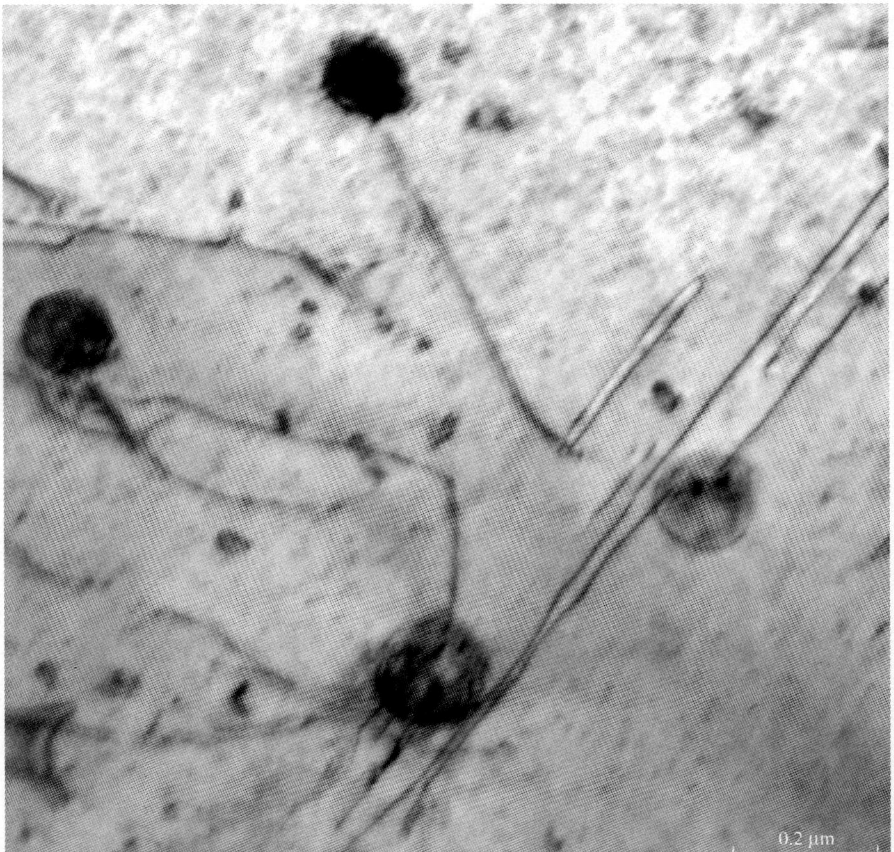

拍摄经历及技术背景：
拍摄条件：高压 200kV，束斑 1.0；
试样成分（质量分数）：0.05%C、0.60%Mn、0.20%Si、0.015%P、0.016%S。
可观察到第二相粒子周围萌生的位错。

超低碳贝氏体钢中的 M-A 岛

作　　者：王志奋　李平和　邓照军

工作单位：武汉钢铁（集团）公司研究院

研究对象：超低碳贝氏体钢

拍摄设备：JEM-2000FXⅡ型透射电镜

拍摄时间：2007 年 10 月

拍摄经历及技术背景：

试样为超低碳贝氏体钢，用双喷电解仪和离子减薄仪制备成金属薄膜样品，在 JEM-2000FXⅡ型透射电镜中观察。

用选区衍射对 M-A 岛进行分析，明显可见 M-A 岛由马氏体和奥氏体两相组成。图 *a* 是 M-A 岛的明场像，图 *b* 是 M-A 岛的衍射花样，图 *c* 是$(-101)_M$的暗场像。

高强度结构钢贝氏体组织

作　　者：郭　佳　郭爱民
工作单位：北京科技大学材料科学与工程学院材料物理与化学系

研究对象：低碳高强度贝氏体钢

拍摄设备：Olympus 光学显微镜、JEOL-100CX 扫描电子显微镜、Tecnai F30 透射电子显微镜

拍摄时间：2006 年 8 月

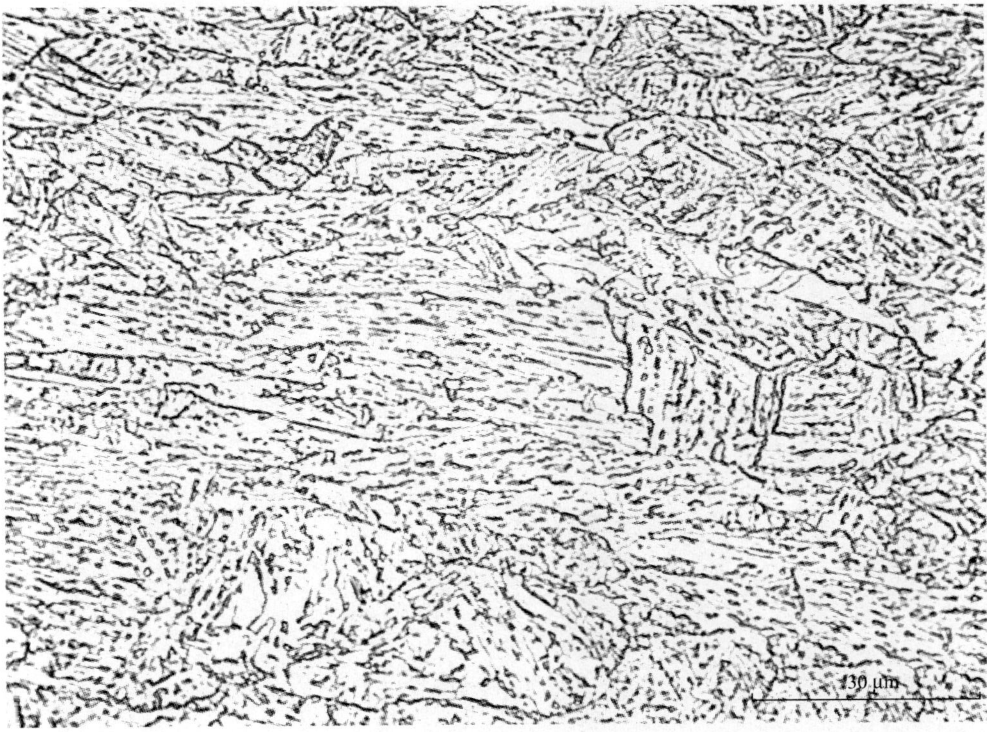

图 1　光学显微组织

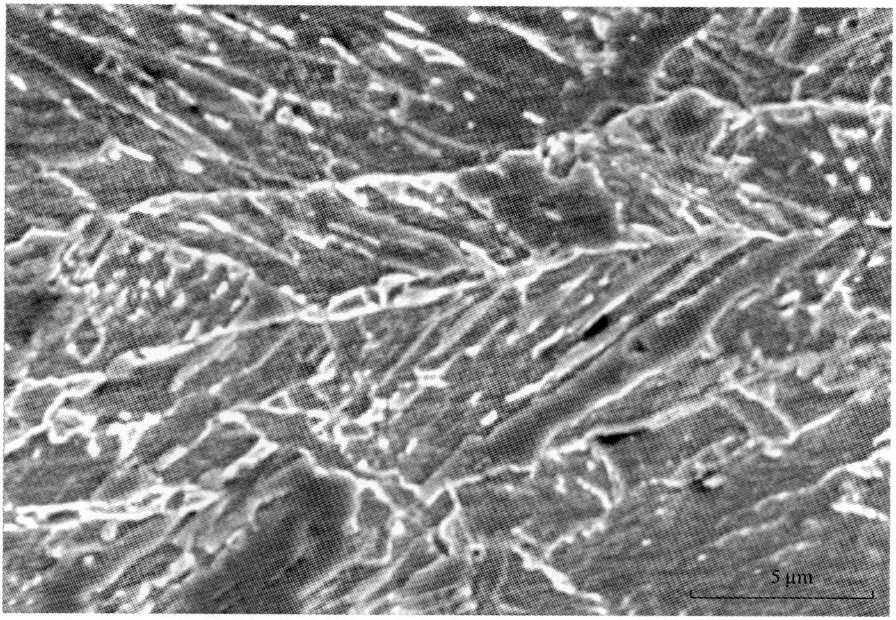

图 2　SEM 组织

图 3　TEM 组织

拍摄经历及技术背景：

试样为低碳高强度贝氏体钢，碳含量（质量分数）为0.06%，硫含量（质量分数）控制在0.006%以下，添加了Nb、V等微合金元素进行析出强化。采用两阶段控轧技术，加热到1250℃，1110℃开轧，轧后温度850℃，开冷温度750℃，以15℃/s的速度冷却到室温。抗拉强度达到960 MPa，屈服强度达到900 MPa，面缩率20%，冲击功152J（0℃）。采用Olympus光学显微镜观察组织，如图1所示；采用Cambridge扫描电子显微镜观察组织，如图2所示；采用Tecnai F30透射电子显微镜观察组织，如图3所示。

高强度结构钢粒状贝氏体

作　　者：王　郢
工作单位：北京科技大学冶金与生态工程学院
研究对象：低碳高强度贝氏体钢
拍摄设备：Olympus 光学显微镜
拍摄时间：2006 年 6 月

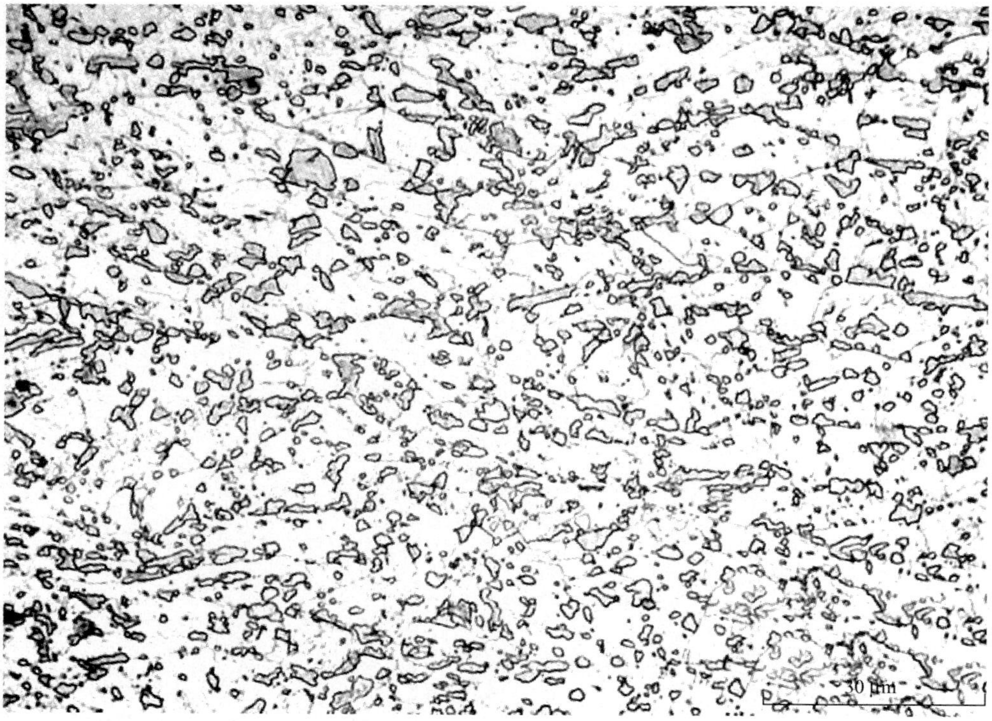

拍摄经历及技术背景

试样为低碳高强度贝氏体钢，碳含量为 0.06%，硫含量控制在 0.006%以下，添加了 Nb、V 等微合金元素进行析出强化；采用两阶段控轧技术，加热到 1250℃，1110℃开轧，轧后温度 825℃，空冷至室温；抗拉强度达到 667 MPa，屈服强度达到 867 MPa。采用 Olympus 光学显微镜观察其金相组织，主要为粒状贝氏体组织。

低合金钢带状贝氏体

作　　者：庞兆夫
工作单位：鞍山钢铁股份有限公司技术中心
研究对象：低合金钢
拍摄设备：D5000-光学显微镜
拍摄时间：2003 年 3 月

拍摄经历及技术背景：
试样钢基本成分（质量分数）：0.08%C、1.60%Mn、0.10%Si、0.010%P、0.010%S；
试样状态：控轧控冷。

MnS 和 TiN 的复合析出

作　　者：孙新军
工作单位：钢铁研究总院结构材料研究所
研究对象：Nb-Ti 微合金钢
拍摄设备：S-4300 扫描电子显微镜
拍摄时间：2003 年 12 月

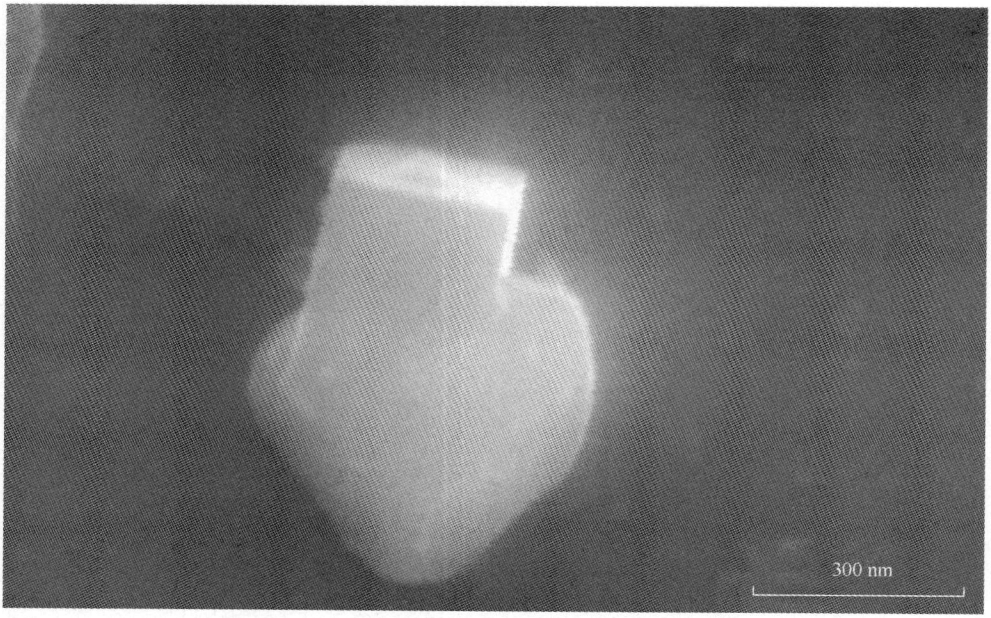

拍摄经历及技术背景：

试样为包钢CSP生产的低碳Nb-Ti微合金钢，其成分（质量分数）为：0.06%C、0.24%Si、1.30%Mn、0.02%Nb、0.013%Ti、0.012%P、0.008%S。

试验条件：铸坯均热温度 1160℃，开轧温度 1100℃，终轧温度 870℃，卷取温度 600℃。用 4%硝酸酒精对成品板深侵蚀后进行 SEM 观察。该照片显示了 TiN 和 MnS 复合析出的立体形貌，其中方形粒子为 TiN，球形粒子为 MnS。根据 TiN 和 MnS 在奥氏体中的固溶度积公式及钢的化学成分，可以确定在热力学上 TiN 首先析出，而 MnS 包覆 TiN 的特点进一步说明了 TiN 析出在前而 MnS 析出在后。

双相钢中奥氏体孪晶形貌

作　　者：何 方 王 昌
工作单位：钢铁研究总院结构材料研究所
研究对象：双相钢
拍摄设备：日立 H-800 透射电子显微镜
拍摄时间：2008 年 3 月

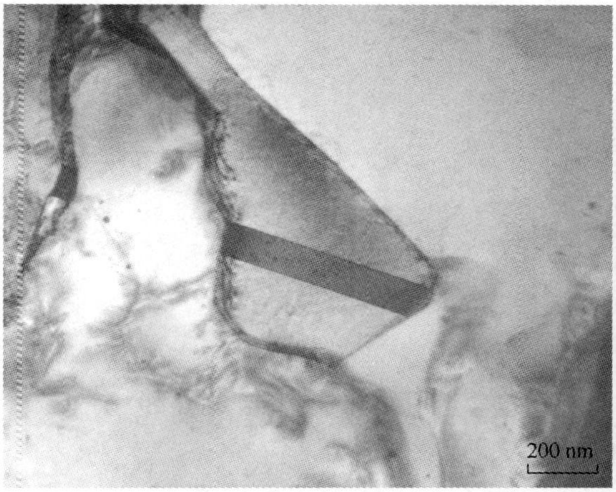

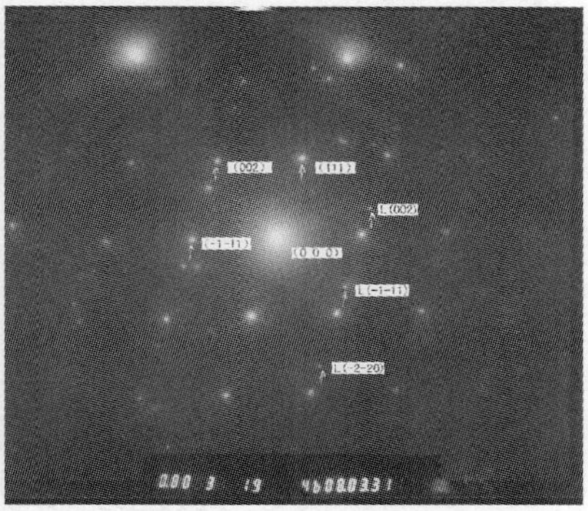

拍摄经历及技术背景：

在观察双相钢组织时偶然拍到，双相钢组织为铁素体+马氏体，马氏体孪晶很常见，而奥氏体退火孪晶是不常见的。孪晶奥氏体衍射斑点标定后，发现其中存在两套衍射斑点。衍射指数前面没有加 L 的为一套，另一套加 L。两套衍射斑的[111]方向重合，得知此孪晶奥氏体的孪晶面为（111）晶面。孪晶奥氏体晶带轴为：[1−10]。

试样成分（质量分数）：0.16%C、0.10%Si、1.85%Mn、0.029%P、0.008%S、0.05%Als、0.10%Ti、0.0012%[O]、0.0039%[N]；

工艺为冷轧后双相区连续退火，退火工艺为：1.66℃/s 升温至 826℃，保温 3 min，缓冷至 703℃后快冷至 250℃保温，11 min。

低合金耐候钢的表面腐蚀形貌

作　　者：贾书君
工作单位：钢铁研究总院结构材料研究所
研究对象：低合金耐候钢
拍摄设备：S-4300 扫描电子显微镜
拍摄时间：2004 年

拍摄经历及技术背景：

试样为含磷低碳钢，其成分（质量分数）为：0.122%C、1.051%Mn、0.122%P、0.038%Nb，试验条件：按 40 mm（780℃）—20 mm—10 mm—5 mm 工艺进行轧制后的薄板加工成规格为 40 mm×60 mm 的腐蚀片，在 0.01mol/L 的 $NaHSO_3$ 周浸箱中腐蚀 3 天后，用胶布把最外层的附锈粘去。对内层进行 SEM 分析得到上图形貌，以此达到观测磷含量对锈层表面腐蚀形貌影响的目的。

该照片显示了含磷钢内锈层的显微形貌，照片中的组织为 FeO 的羟基化合物（FeOOH），小草形貌为初生成的 FeOOH，菊花形貌为约生成 2 天后的 FeOOH。

TRIP 钢动态拉伸过程中的残余奥氏体

作　　者：吴立新
工作单位：武汉钢铁（集团）公司研究院
研究对象：TRIP 钢
拍摄设备：Quanta 400SEM+Gatan2000N 拉伸台
拍摄时间：2006 年 2 月 26 日

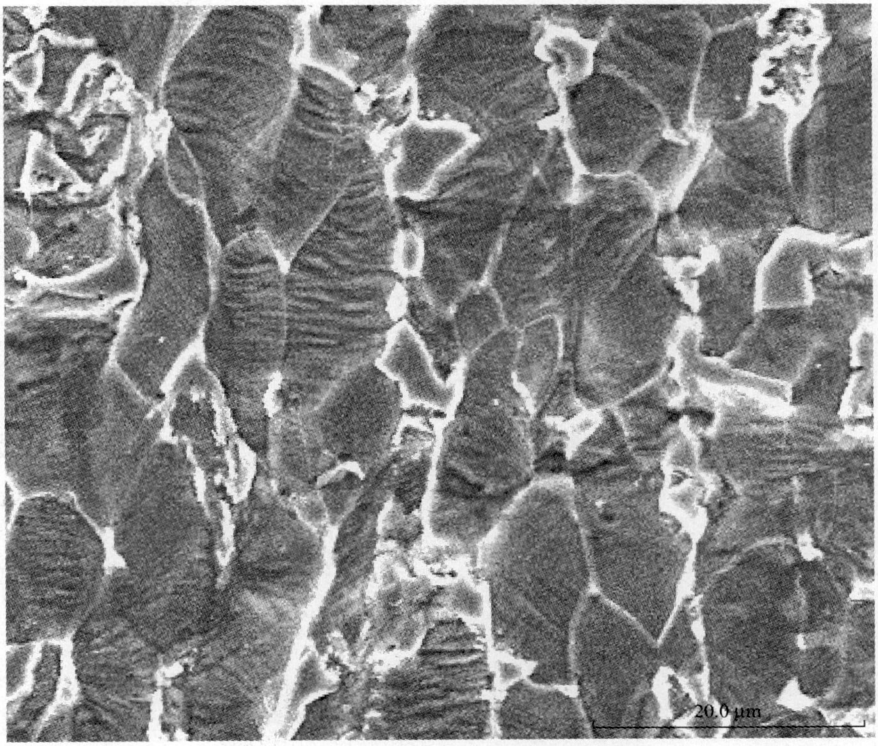

拍摄经历及技术背景：

用 1.0 mm 厚 TRIP 钢薄板试样在扫描电镜上作动态拉伸试验，在 2000 倍率下观察了 TRIP 钢板表面各类组织在动态拉伸过程中的行为。观察表明：在不断的拉伸过程中，铁素体沿拉伸方向形变严重，原来的等轴铁素体晶粒被明显拉长，铁素体晶粒表面呈现大量滑移带，而奥氏体无塑性变形，只有几何位置的平移和转动，原来聚集在一起的块状奥氏体被明显的沿拉伸方向分开，而成为一串状排列的小岛，如图所示（垂直向为拉伸方向，对应此时拉力为 810N，位移为 1.05 mm，拉伸速率为 0.4 mm/min）。

TRIP 钢组织 TEM 分析

作　　者：张　梅
工作单位：上海大学材料学院
研究对象：TRIP 钢
拍摄设备：Tecnai G^2 20TEM
拍摄时间：2006 年 8 月

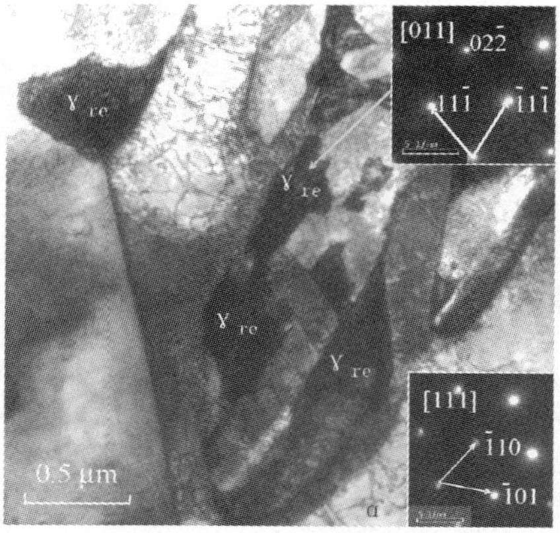

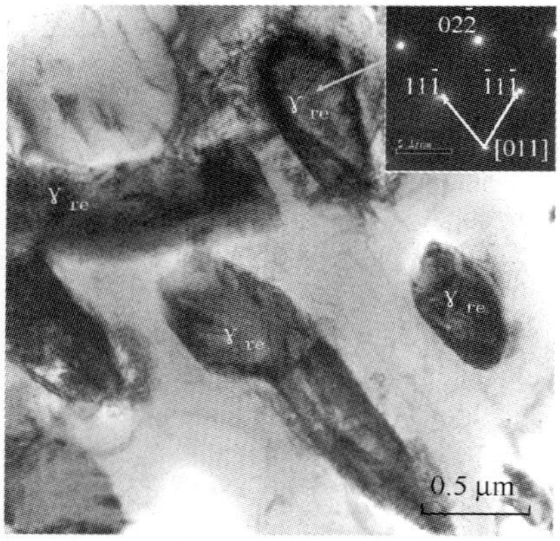

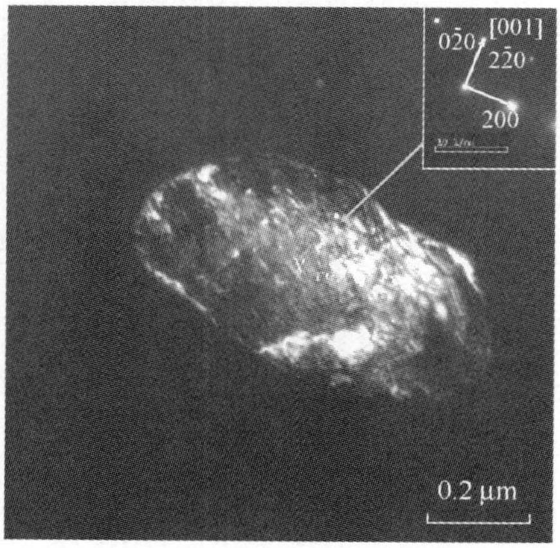

拍摄经历及技术背景：

TRIP 钢由三相组成，基体相是铁素体，另外还有贝氏体和残余奥氏体。

本图像为低碳低合金 TRIP 钢中残余奥氏体的 TEM 分析，残余奥氏体分布于贝氏体–铁素体板条束间、铁素体晶粒内。钢中残余奥氏体的 TEM 中心暗场像中残余奥氏体呈颗粒状。

Si-Mn 系 TRIP 钢组织

作　　者：李　壮　吴　迪
工作单位：东北大学轧制技术及连轧自动化国家重点实验室
研究对象：TRIP 钢
拍摄设备：Leica DMIRM 型图像分析仪
拍摄时间：2005 年 7 月

拍摄经历及技术背景：

试样经磨抛和 Lepera 试剂腐蚀后采用 Leica DMIRM 型图像仪拍摄。Lepera 试剂为 4%$(NO_2)_3C_6H_2OH$ 加过饱和 $Na_2S_2O_3$ 水溶液。

试样化学成分（质量分数）：0.233%C、1.365%Si、1.540%Mn、0.007%P、0.004%S、0.080%Al。

组织为多边形铁素体，粒状贝氏体和残余奥氏体。在 Lepera 试剂的腐蚀下，铁素体为灰色，贝氏体为黑色。

钢材性能：抗拉强度 825 MPa，屈服强度 535 MPa，伸长率 37%。

工艺：坯料通过ϕ450 轧机热轧到 20 mm 厚，然后机加工成 80 mm×20 mm×300 mm 的板料，最后由ϕ300 轧机经 4 道次热轧成 2.4 mm 厚度的钢板。终轧温度为 750℃，终轧变形量为 40%，终轧后在 400℃盐炉中等温 20 min，然后取出空冷至室温。

技术背景：TRIP 钢是被国内外广泛关注的一个热点。作者通过实验室热轧、控轧控冷并模拟生产现场的卷取工艺，获得了高强度和高塑性。

TIG 拼焊 TRIP 钢接头组织

作　　者：齐彦昌
工作单位：钢铁研究总院结构材料研究所
研究对象：TRIP 钢
拍摄设备：光学显微镜
拍摄时间：2008 年

拍摄经历及技术背景：

采用 TIG 焊接 TRIP 钢板，取接头部位制作金相试样。经磨、抛后，用 2%的硝酸酒精腐蚀。采用金相显微镜分析组织。发现在熔合区（MZ）和热影响区（HAZ）之间存在宽度为 150～450 μm 部分熔合区（PMZ）。研究表明此区为软化区。熔合区和热影响区微观组织由马氏体和贝氏体组成，而部分熔合区则由铁素铁、贝氏体和马氏体组成。

TWIP 钢形变孪晶、一次和二次孪晶

作　　者：胡　超
工作单位：钢铁研究总院结构材料研究所、昆明理工大学
研究对象：TWIP 钢
拍摄设备：H-800 透射电子显微镜
拍摄时间：2008 年 6 月

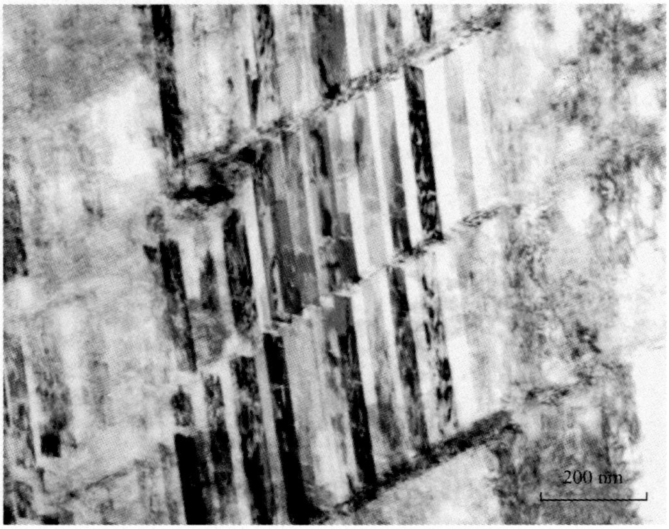

拍摄经历及技术背景:

TWIP 钢（30%Mn-3%Si-3%Al）经过 ECAP1 道次挤压后 TEM 明场像。对于 Fe-Mn-Si-Al 系钢，当锰含量达到 25%（质量分数）时，会产生孪晶诱导塑性现象，称为 TWIP 效应。TWIP（twinning induced plasticity）钢集高强度、高延展性及高应变硬化于一身。这种非凡的性能使其在提高汽车撞击安全性的同时，大幅减轻车重，很有希望成为未来汽车用高强度钢板。

TWIP 钢 ECAP1 道次挤压后产生大量的纳米宽度（主要分布区 10～40 nm）形变孪晶。当晶体在切应力的作用下发生形变孪晶时，晶体的一部分沿一定的孪生面和孪生方向相对于另一部分晶体做均匀切变，晶体的点阵类型不发生变化。但它是切变区域晶体取向发生改变，变成与未切变区域成镜面对称取向。这些形变孪晶将分割奥氏体晶粒，为其后的退火处理中回复再结晶形成等轴小晶粒提供条件。

X80 管线钢中 M-A 相精细结构

作　　者：徐荣杰　杨　静　王道远
工作单位：鞍山钢铁集团公司技术中心
研究对象：X80 管线钢
拍摄设备：Tecnai G^2 20
拍摄时间：2004 年 12 月

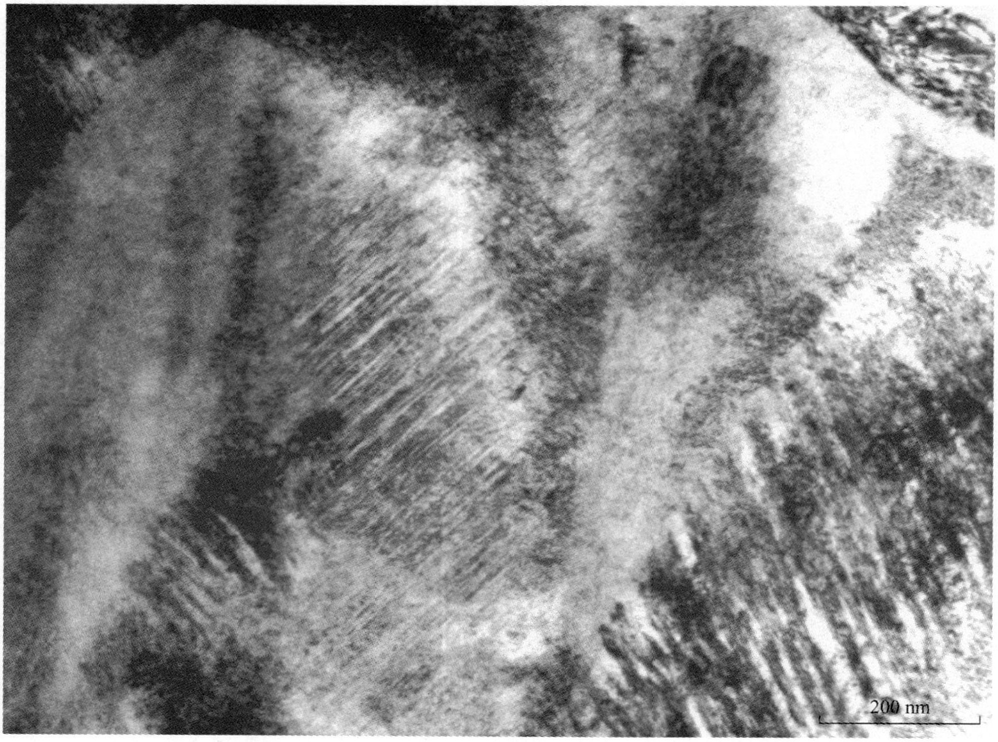

拍摄经历及技术背景：

拍摄自 X80 管线钢薄膜试样，证明 X80 管线钢 M-A 相的精细结构主要是微孪晶，即 X80 管线钢 M-A 组元实际上是孪晶马氏体，是含碳量较高的马氏体相。但 X80 管线钢含碳量在 0.1%以下，表明在马氏体转变前碳通过扩散产生了明显的偏聚，即在 X80 管线钢马氏体转变前的相变必定受到某种程度的扩散控制，从 M-A 组元的相对量可以定性地判断这种相变扩散控制的程度。图中可看出，M-A 组元内马氏体具有不同位相，在放大倍数较低或分辨率不高或取向不合适的条件下，将无法看到 M-A 组元孪晶特征，其形态有时呈现板条特征，极易误判为板条马氏体。

X100 管线钢母材心部组织

作　　者：朱丽霞
工作单位：中国石油管材研究所
研究对象：X100 管线钢
拍摄设备：MEF4M 金相显微镜
拍摄时间：2006 年

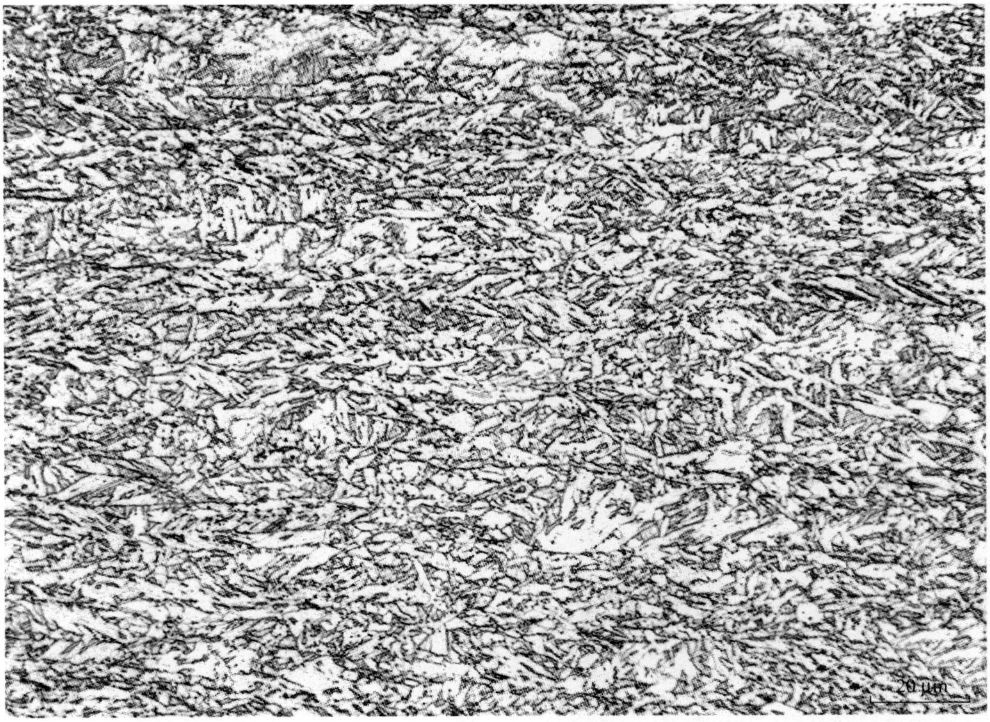

拍摄经历及技术背景：
材料：X100 管线钢；
腐蚀剂：2%硝酸酒精溶液；
组织：粒状贝氏体；
高强度微合金 X100 管线钢经控轧处理后观察试样。管线钢随钢级升高，多边形铁素体 F 减少， MA 岛细小而且弥散。其余组织基本为贝氏体。

低合金钢无碳化物贝氏体

作　　者：王晓峰
工作单位：鞍山钢铁股份有限公司技术中心
研究对象：低合金钢
拍摄设备：Tecnai G^2 20TEM
拍摄时间：2006 年 10 月

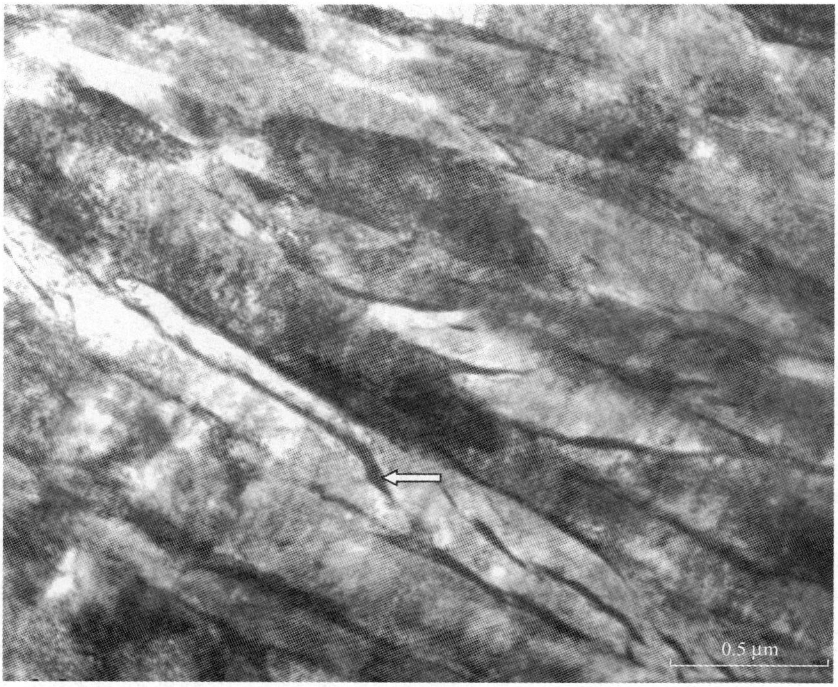

拍摄经历及技术背景：

低合金钢无碳化物贝氏体组织，板条状铁素体基体上分布细条状的残余奥氏体。试样成分（质量分数）：0.12%C、1.69%Si、2.71%Mn、0.011%P、0.0042%S、0.4%Mo、0.1% (Nb+Ti)。

钢轨钢的渗碳体形态

作　　者：陈兴元
工作单位：攀钢钢铁研究院
研究对象：钢轨钢晶界、晶内和夹杂物形核的渗碳体形态
拍摄设备：Axiover200MAT
拍摄时间：2006年2月

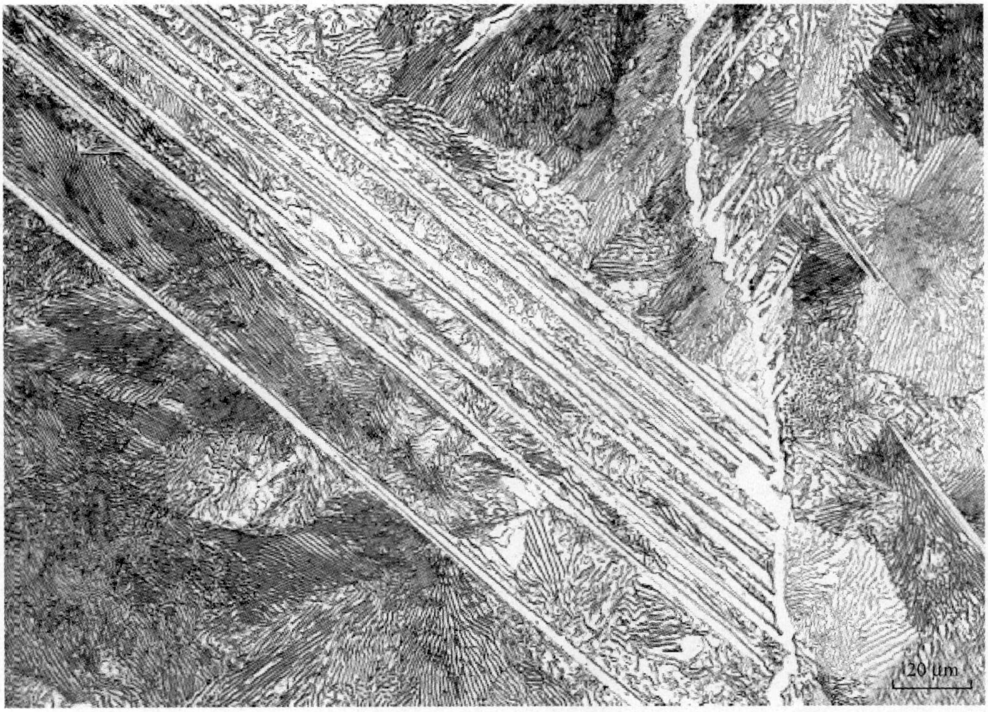

图1　钢轨钢锭的晶界渗碳体形态

拍摄经历及技术背景：

尺寸为910 mm×790 mm×1990 mm，重达9.85 t的钢轨钢（钢水成分（质量分数）为：0.69%C、0.90%Mn）冷锭，入均热炉升温过快，由钢锭截面的温差应力造成响裂，立即停炉取出的钢锭。有些在吊运过程中，在钢锭上部发生横向断裂，其断裂源在最后凝固的锭心偏析区（碳的质量分数为 1.4%）。取自断裂区的试样，在金相分析中首次揭示凝固的过共析钢在缓冷过程中析出先共析渗碳体的各种形态。

本照片显示沿晶渗碳体的形态之一。已凝固的钢锭心部偏析区缓冷到与铁-渗碳体

相图的相变温度时，先共析渗碳体首先在粗大的奥氏体晶粒边界发生不均匀形核。渗碳体沿晶生长的速度比向晶内的快，因此在空间先构成包围各个晶粒的完整的渗碳体隔膜。由于冷速极慢，渗碳体隔膜能获得足够的碳源和有足够的时间长厚，最终形成沿晶渗碳体网。

随着温度下降，沿晶析出渗碳体并未降低晶内碳的过饱和度。于是从晶界渗碳体上二次形核的渗碳体沿有利的晶面向晶界一侧或两侧的晶内生长形成侧片状渗碳体型魏氏组织。在一侧晶界上形成的侧片状渗碳体片束中的针片平行，且方向一致；而另一段晶界上形成的侧片状渗碳体的取向有所改变，说明渗碳体侧片状魏氏体组织生长方向遵循晶体学规律，按晶体学限定的某一惯习面生长。组成侧片的每一根针片在生长方向的末端尖细，说明渗碳体针的继续生长靠前端相界面的迁移，与碳原子的最大获得方向有关。当温度降到共析反应温度（727℃）时，渗碳体按平衡数量析出后的奥氏体的质量分数变化到 0.77%的区域，发生共析反应形成平衡成分的珠光体。

图 2　钢轨钢锭的晶内渗碳体形态

拍摄经历及技术背景：

当按图 1 中所示的沿晶界析出先共析渗碳体后，并未降低晶内奥氏体中碳的过饱和度的区域。随后的冷却过程中将在晶内适合的位置形核渗碳体，并从周围的过饱和奥氏体中获得碳原子，维持沿特定的晶粒取向延伸长大。其长大的速度较宽度和厚度方向快，最终形成两端尖细的晶内针状渗碳体。晶内渗碳体有单根针状和平行排列成簇的两种形态。形核率高的区域形成由多根针组成的平行延伸的渗碳体簇。单根渗碳体针或每个渗碳体簇的取向各不相同，说明与母相奥氏体之间存在严格的结晶学关系，奥氏体与渗碳体的界面控制着渗碳体的生长条件和形态。

一些渗碳体针在生长中与另一方向的渗碳体针相抵触而停止生长的位置是两个晶面的交界面，因此显示出交角。有些渗碳体针的边界模糊。模糊的渗碳体边缘处于热力学不稳定状态，可作为亚渗碳体的形核位置。当温度降至 727℃时，晶内其余区域发生共析反应形成珠光体。

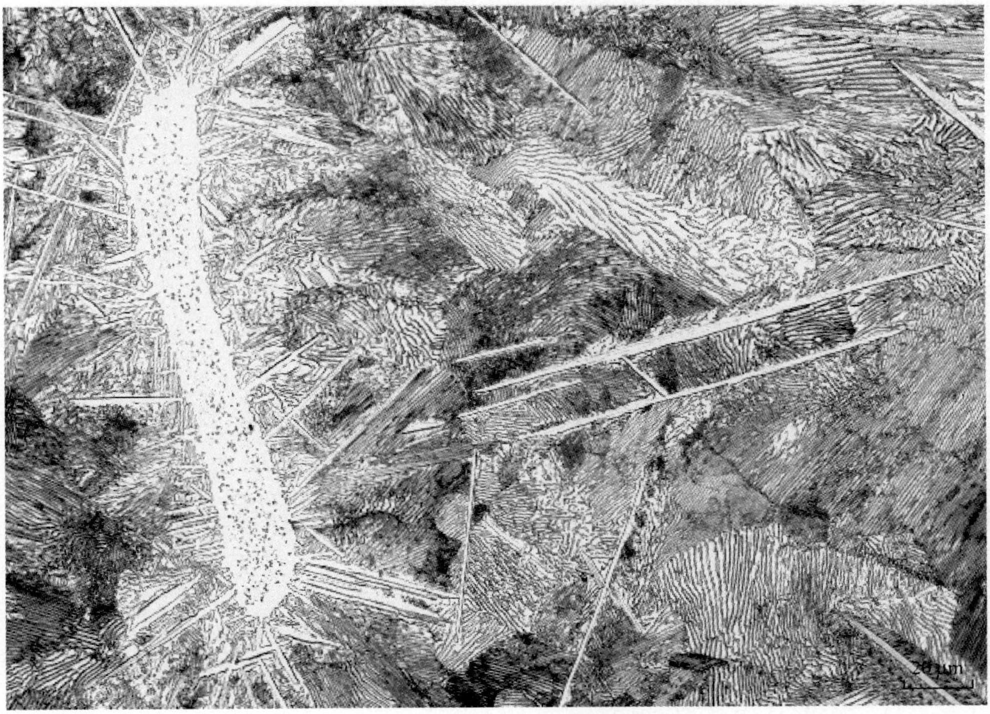

图 3　钢轨钢锭中以夹杂形核的渗碳体形态

拍摄经历及技术背景：

图 1 所述的试样，当温度降至与相变温度时，在杂质密集区，以单个杂质粒子形核的渗碳体，围绕杂质长大，直到形成连续的渗碳体结合，然后构成包围杂质区的渗碳体外壳。从渗碳体外壳边缘二次形核的渗碳体沿一定的晶面向晶内延伸，形成单根的或平行排列的针状形态。在杂质密集区的渗碳体外壳，必然从周围过饱和奥氏体中吸收碳原子以维持壳层增厚生长。在碳已贫化到不再过饱和的区域，不会二次形核，

因此渗碳体壳的中间段很少有从壳层形核长大的渗碳体针。在晶内以单颗大型夹杂形核并长大的渗碳体也有外壳和二次形核长大的针状渗碳体。

研究表明，在距钢锭表面约 400 mm 的区域（碳的质量分数为 1.19%），组织为珠光体+沿晶网状渗碳体，未发现侧片状和晶内针状渗碳体。结合图 1、图 2 和图 3，说明过共析钢中先共析渗碳体的形态和析出数量受奥氏体中碳的过饱和度和缓慢相变速率所控制，在形态上属于渗碳体型魏氏组织。用某些金属学教科书中的“当冷却速度较大，奥氏体达到 W 区才开始转变时，则先共析产物在奥氏体晶内总是沿一定的原子平面呈片状析出”和国外的“plates of cemenite form within the grains in a Widmannstatten arrang ement if the cooling rate is sufficiently rapid，if the carban content is high and if the austenite grain size is large”理论都不能满意解释大钢锭中心过共析区在冷却速度极慢（接近平衡条件）时形成的渗碳体型魏氏体组织。

热处理钢轨钢过热区的组织

作　　者：赵　俊
工作单位：攀钢钢铁研究院检测中心
研究对象：钢轨钢
拍摄设备：Axiover200MAT
拍摄时间：2006年2月

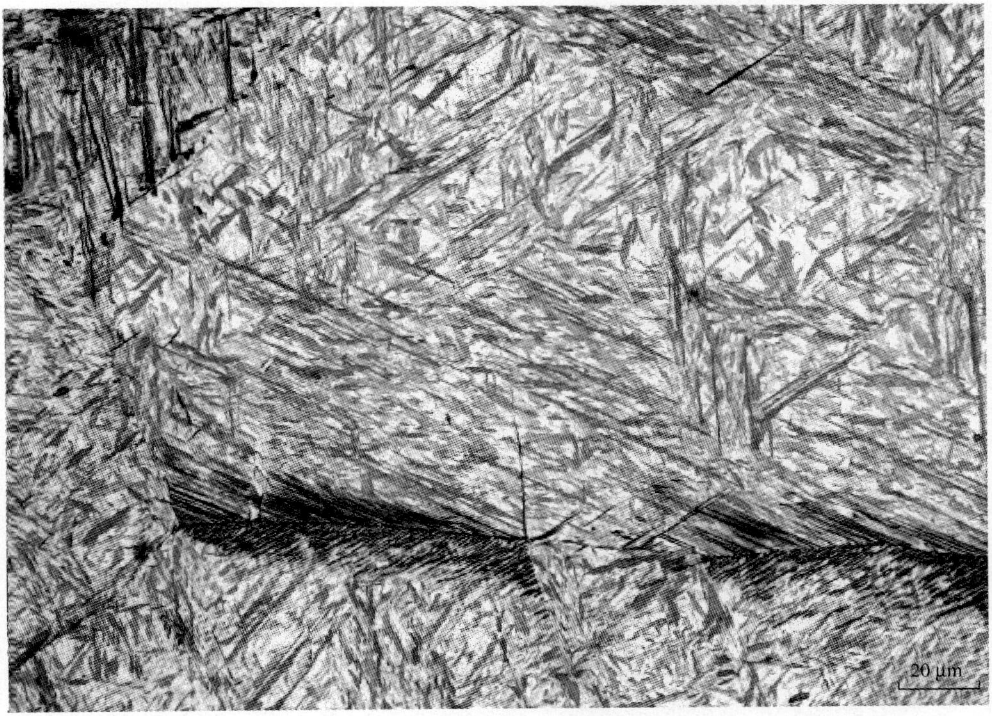

拍摄经历及技术背景：

在钢轨（0.73%C、0.95%Mn）的轨头热处理过程中，由于对中不良，靠感应器很近的部位往往出现严重过热或烧伤。用2%硝酸酒精浅腐蚀的过热区经金相检验确定，沿晶析出的黑色羽毛状组织为上贝氏体，晶内为粗大的针状马氏体。粗大的晶粒和粗而长的马氏体针说明过热温度高，冷却速度快。然而，在同一段晶界形核并向两侧的晶粒内生长的贝氏体的事实与“不是从奥氏体两侧进入两个晶粒，而是仅从一侧进入晶粒”的理论不完全一致，也不是“每个板条束在长度方向的长大速度是一样的”。这似乎是高碳钢快速过热淬火后特有的组织。

3 合 金 钢

3.1 合金结构钢

ε–碳化物在马氏体板条内析出

作　　者：范长刚
工作单位：钢铁研究总院结构材料研究所
研究对象：2200MPa 级 CrNiMoV 系超高强度钢板
拍摄设备：S-4300 扫描电子显微镜
拍摄时间：2005 年

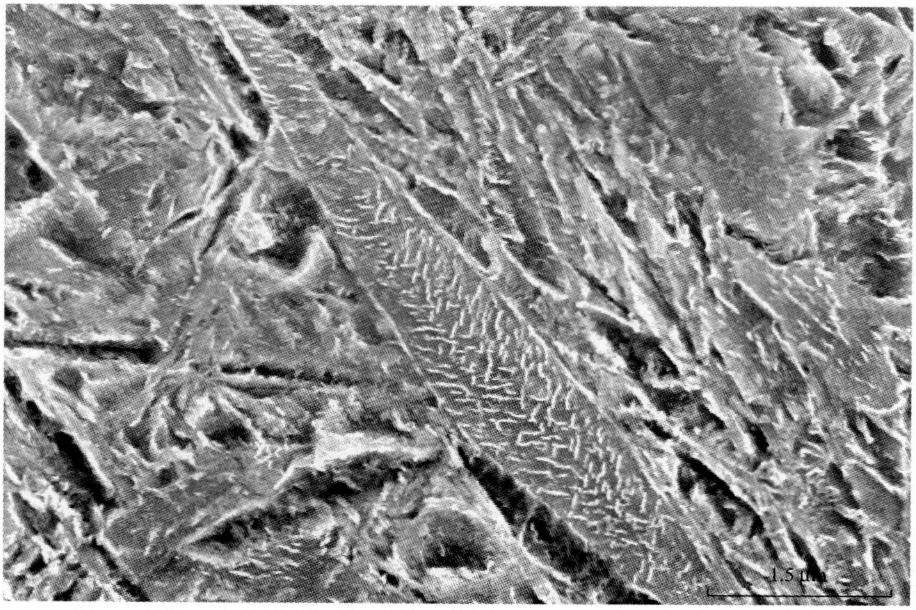

拍摄经历及技术背景:

ε–碳化物细小，一般用 TEM 才能观察到局部析出，难以观察整个板条内的析出。本照片用含碳 0.5%左右、CrNiMoV 系超高强度钢，900℃淬火后 165℃回火，反映了回火过程中ε–碳化物在板条内的析出规律。

线切割 0.5mm 薄片，磨至 50μm 以下，双喷得到光滑表面，用 2%硝酸酒精轻腐蚀后在 S-4300 型 SEM 下观察采集。

Packet 区域内的马氏体板条与残余奥氏体

作　　者：赵英利　时　捷
工作单位：钢铁研究总院结构材料研究所、昆明理工大学
研究对象：中碳合结钢
拍摄设备：H-800 透射电子显微镜
拍摄时间：2008 年

图 1　明场

图2　暗场

拍摄经历及技术背景：

中碳合结钢经再结晶区与未再结晶区两阶段控轧后空冷，920℃再加热淬火，然后300℃回火2 h。

一个原奥氏体晶粒由几个Packet组成，每个Packet由若干Block组成。由图可知所得马氏体的Packet区域内由板条与残余奥氏体薄膜相间隔组成，并且在Packet界也有残余奥氏体薄膜。由于残余奥氏体薄膜将马氏体板条包围，从而改善了钢的韧性。

合金结构钢马氏体板条的弯曲现象

作　　者：赵英利　时　捷
工作单位：钢铁研究总院结构材料研究所、昆明理工大学
研究对象：合金结构钢
拍摄设备：S-4300 扫描电镜
拍摄时间：2007 年 7 月 30 日

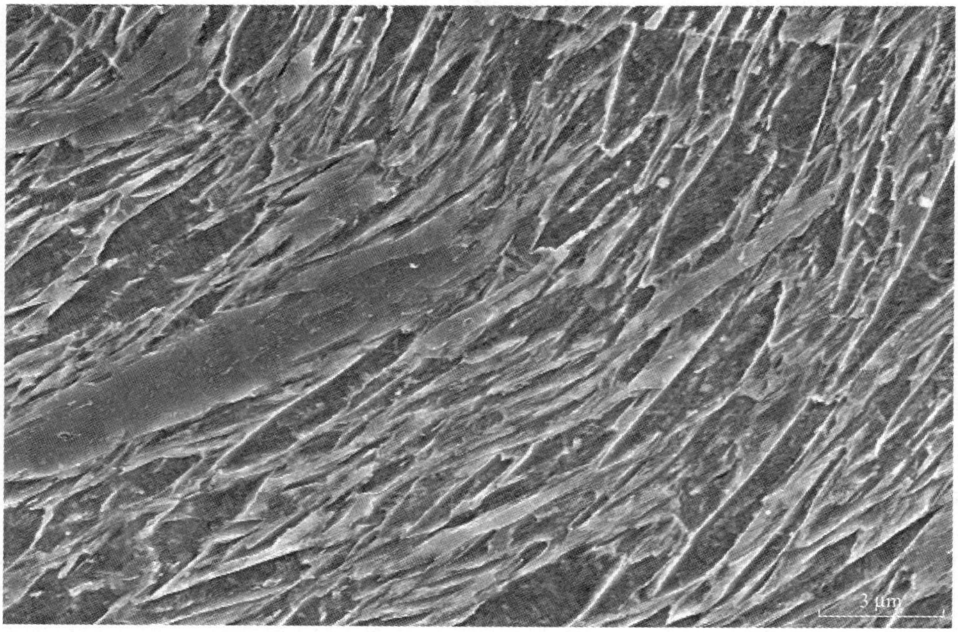

拍摄经历及技术背景：

中碳合金结构钢经控轧后直接淬火得到的马氏体板条弯曲现象。板条马氏体沿着最活跃的滑移面生长（1/4{111}奥氏体面），这可能是由于大的变形量产生的。

合金钢连铸坯三维解理断口

作　　者：李文竹
工作单位：鞍山钢铁股份有限公司技术中心
研究对象：合金钢连铸坯
拍摄设备：Quanta400HV SEM
拍摄时间：2005 年 3 月

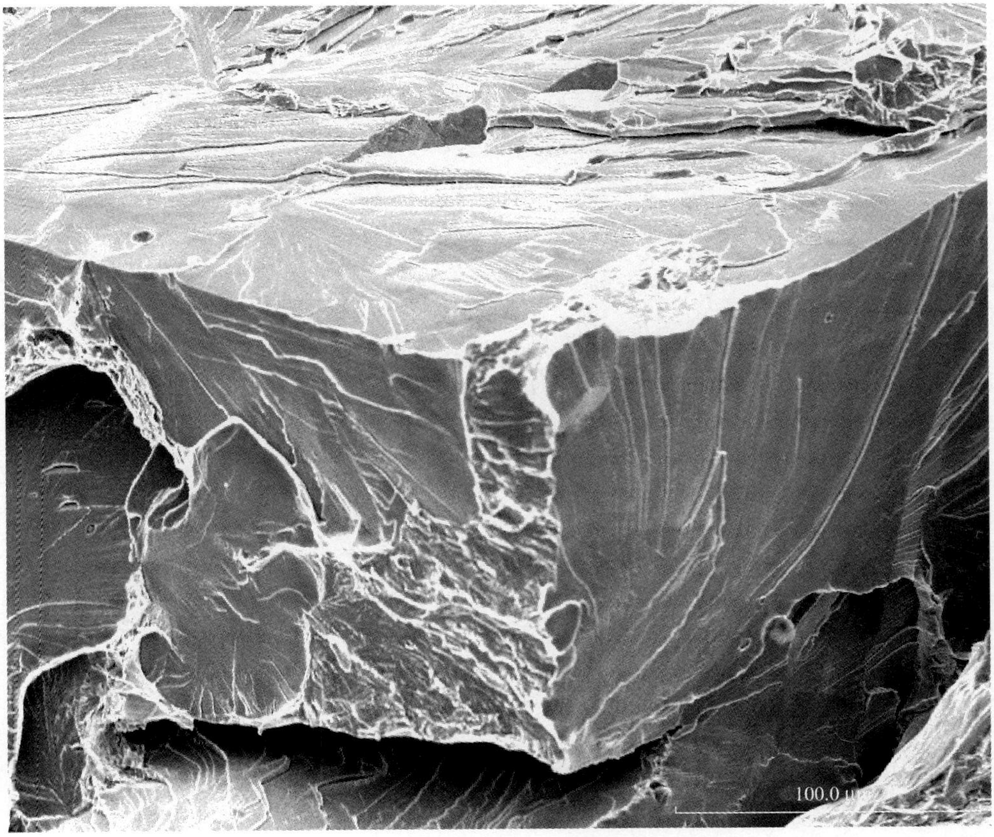

拍摄经历及技术背景：
连铸坯上的解理断口。
拍摄条件为：高压 20kV，束斑 5.0；
工作距离：15.0 mm；
试样成分（质量分数）：0.2%C、0.37%Si、0.60%Mn、2.24 %Cr、1.30%Mo、0.90%Nb。

亚共析钢铁素体和珠光体

作　　者：翁韶华
工作单位：兴澄特钢质量部
研究对象：SCr440B 钢
拍摄设备：JSM-5600Lv 扫描电子显微镜
拍摄时间：2005 年 7 月

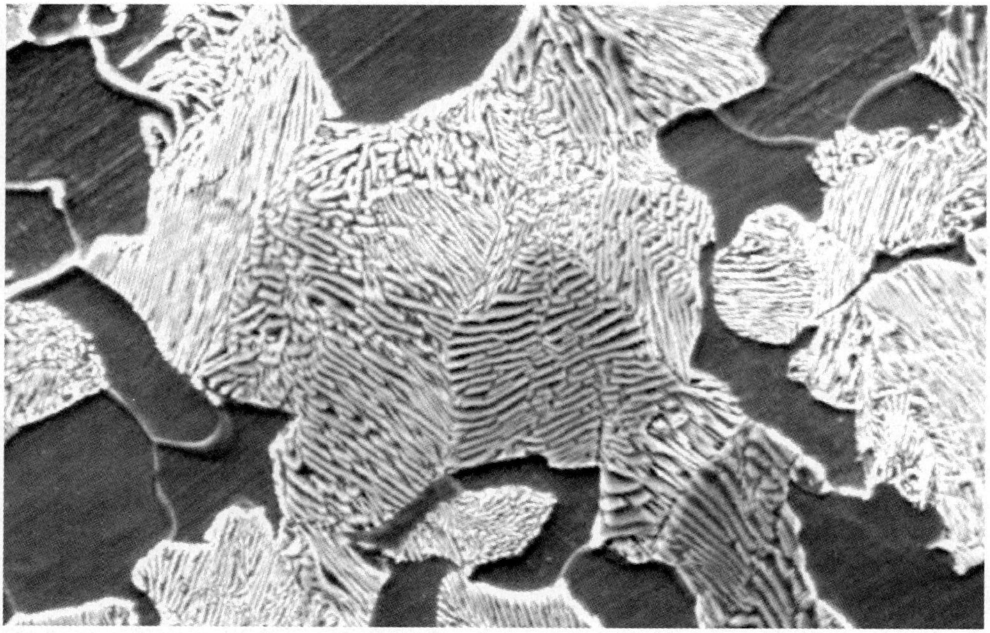

拍摄经历及技术背景：
工艺状况：热轧状态；
侵蚀方法：4%的硝酸酒精溶液侵蚀；
组织说明：铁素体+珠光体。

粒状贝氏体

作　　者：陈海军　张爱梅
工作单位：新疆钢铁研究所
研究对象：非调质钢
拍摄设备：Olympus PMG3
拍摄时间：2002 年 10 月

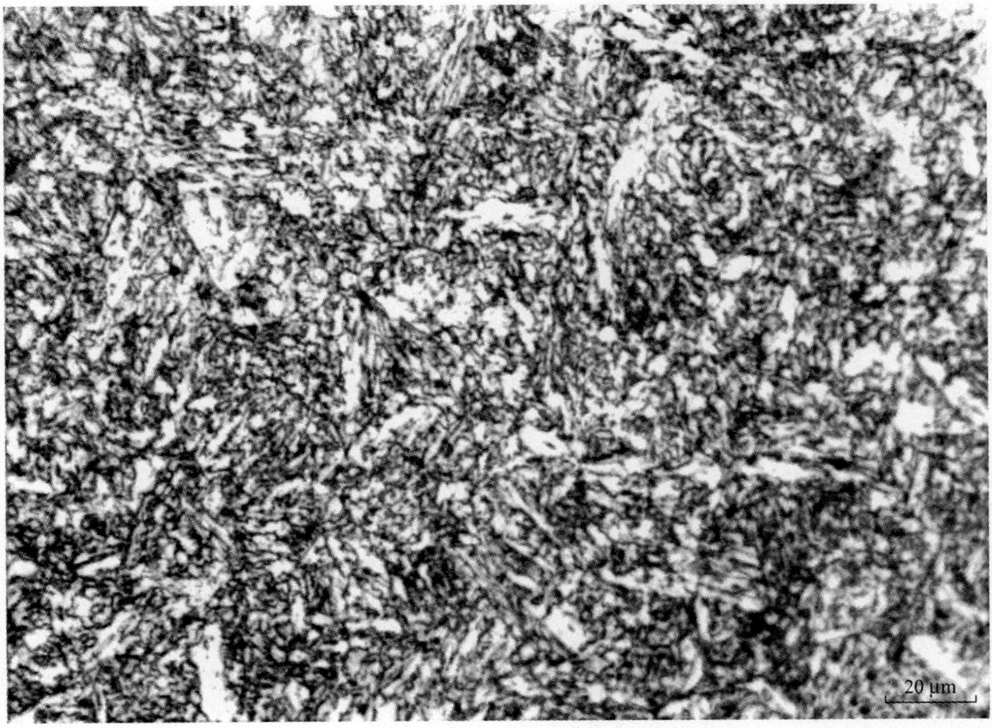

拍摄经历及技术背景：

粒状贝氏体组织，通过合金元素 V、Nb、Ti 等微合金化，实现了在热轧态即获得贝氏体组织。制成 800 MPa 级非调质钢，满足石油抽油杆和机械零件用调质结构钢的标准和使用要求。

中碳冷镦钢在线软化——渗碳体球化

作　　者：田　鹏
工作单位：钢铁研究总院结构材料研究所、昆明理工大学
研究对象：SWRCH35K 钢
拍摄设备：S-4300 扫描电子显微镜
拍摄时间：2004 年

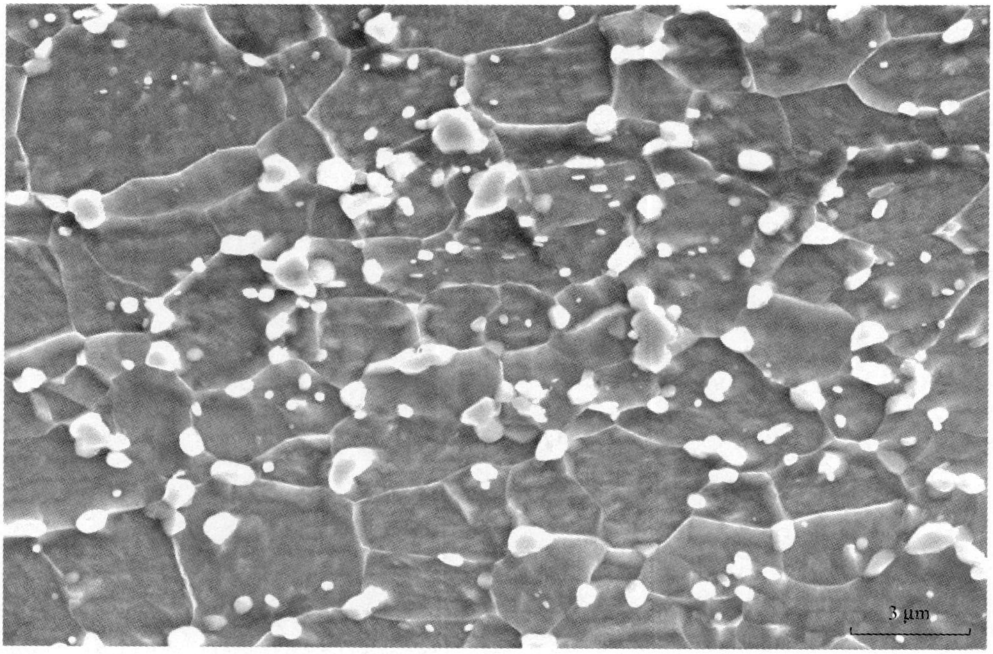

拍摄经历及技术背景：

试样材料：SWRCH35K 钢；

工艺：在 Gleeble-3500 型热模拟实验机上 850℃保温 300s 奥氏体化，冷却到 750℃形变 1.61（80%），再冷却到 700℃，以 0.1℃/s 控制冷却到 620℃后空冷。

20CrMoH 钢锻造流线微观组织

作　　者：冉月飞
工作单位：石家庄钢铁有限责任公司
研究对象：20CrMoH 钢
拍摄设备：ZEISS Axiovert200 MAT
拍摄时间：2008 年 5 月

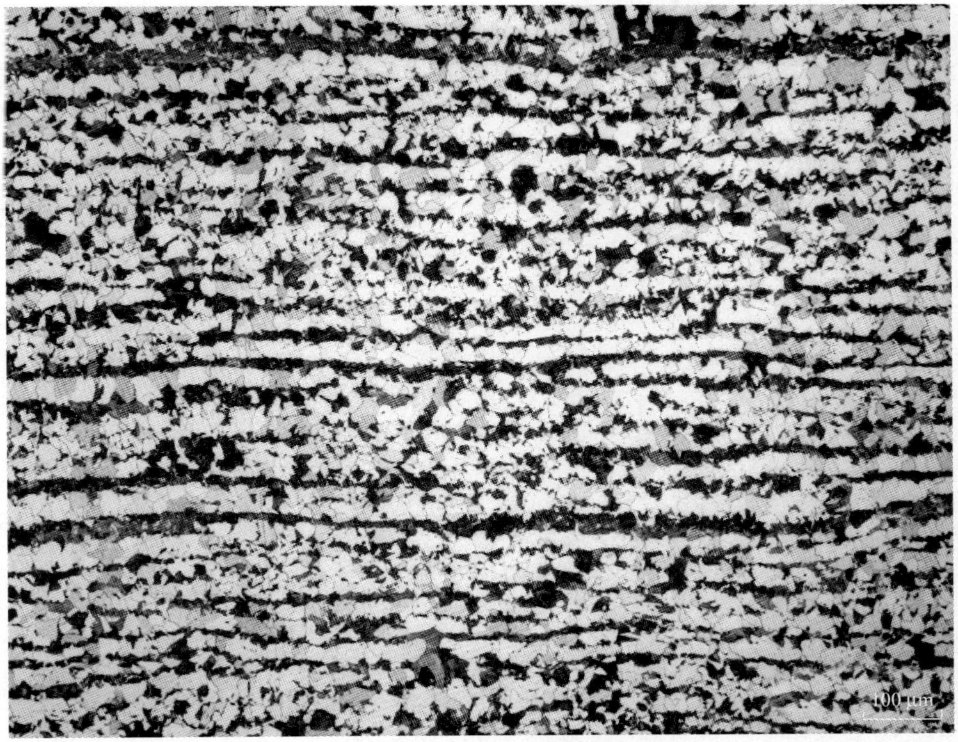

拍摄经历及技术背景：

采用 ZEISS Axiovert 200 MAT 图像采集设备观察试样，试样成分（质量分数）：0.20%C、0.24%Si、0.77%Mn、0.010%P、0.012%S、1.10%Cr、0.03%Ni、0.04%Cu、0.22%Mo、0.017%Al。试样加工工艺为锻造后余热正火，观察试样可清楚看到铁素体与珠光体呈带状分布，其方向代表着金属流动方向。

20CrMnTi 钢渗碳淬火过热组织

作　　者：冉月飞
工作单位：石家庄钢铁有限责任公司
研究对象：20CrMnTi 钢
拍摄设备：ZEISS Axiovert 200
拍摄时间：2008 年 6 月

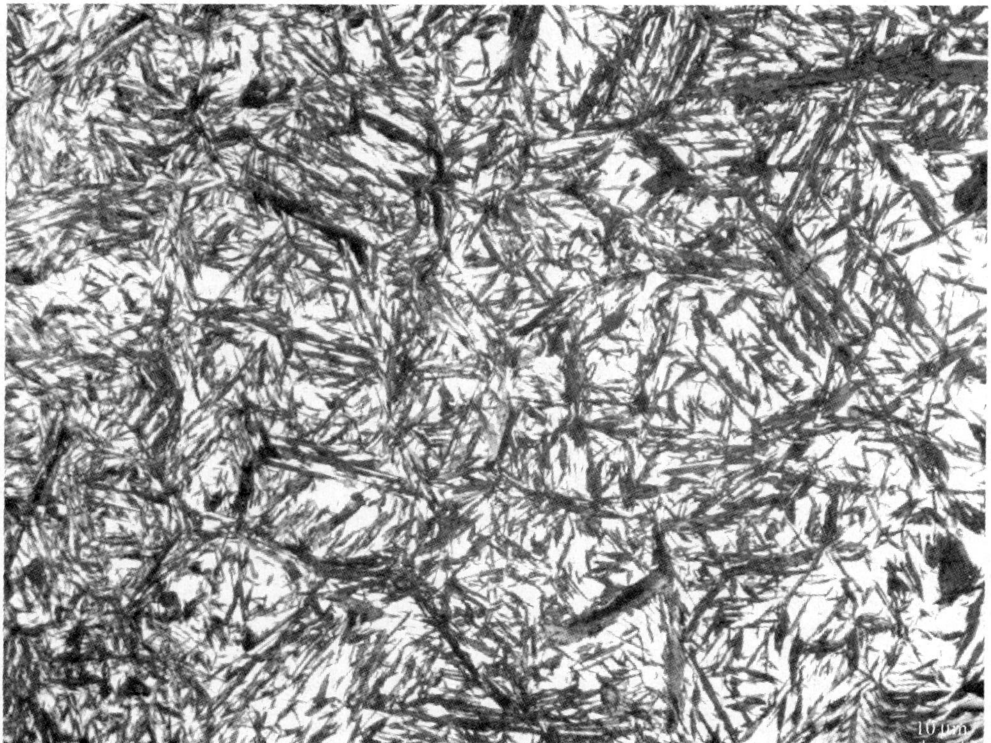

拍摄经历及技术背景：

成分（质量分数）：0.21%C、0.22%Si、1.01%Mn、0.010%P、0.010%S、1.21%Cr、0.01%Ni、0.02%Cu、0.07%Ti、0.020%Al_{sol}。

渗碳淬火钢的组织为表面粗大针状马氏体。由于渗碳淬火温度偏高，晶粒过度长大，淬火后出现粗大针状马氏体。

渗碳齿轮钢渗碳层的断口形貌

作　　者：马　莉
工作单位：钢铁研究总院结构材料研究所
研究对象：20CrMoNb 渗碳齿轮钢
拍摄设备：日立 S-4300 型场发射扫描电子显微镜
拍摄时间：2008 年 1 月 28 日

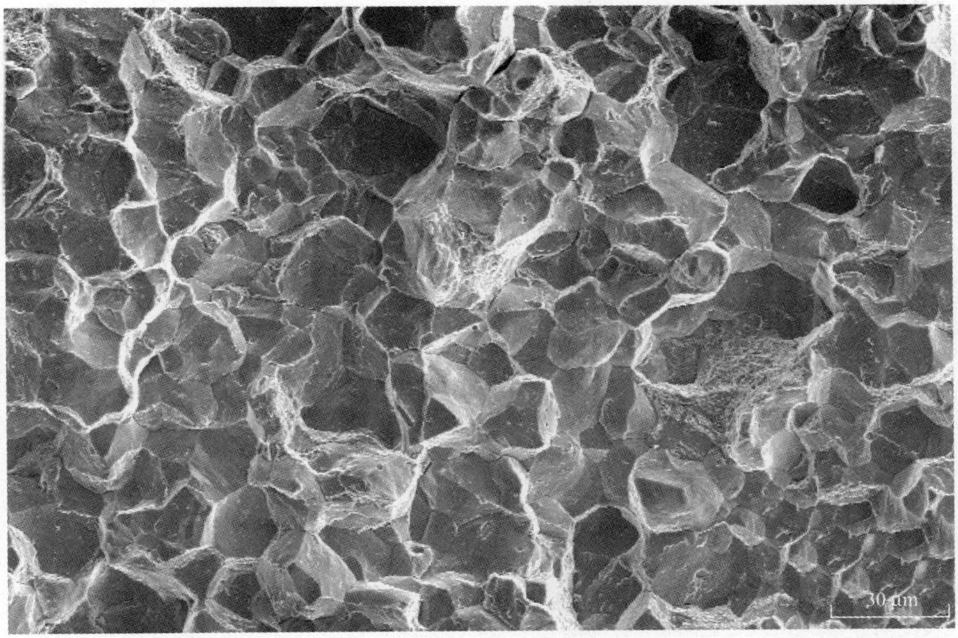

拍摄经历及技术背景：

扫描电子显微镜下拍摄，试样是 20CrMoNb 渗碳齿轮钢渗碳层处的断口形貌，主要是沿晶断裂。试样渗碳工艺：在碳势为 1.0%时，930℃保温 7 h，再经 830℃保温 40 min，油冷，低温回火 2 h。

旋转弯曲疲劳试样夹杂物起裂

作　　者：马　莉　王毛球
工作单位：钢铁研究总院结构材料研究所
研究对象：20CrMoNb 渗碳齿轮钢
拍摄设备：S-4300 扫描电子显微镜
拍摄时间：2008 年

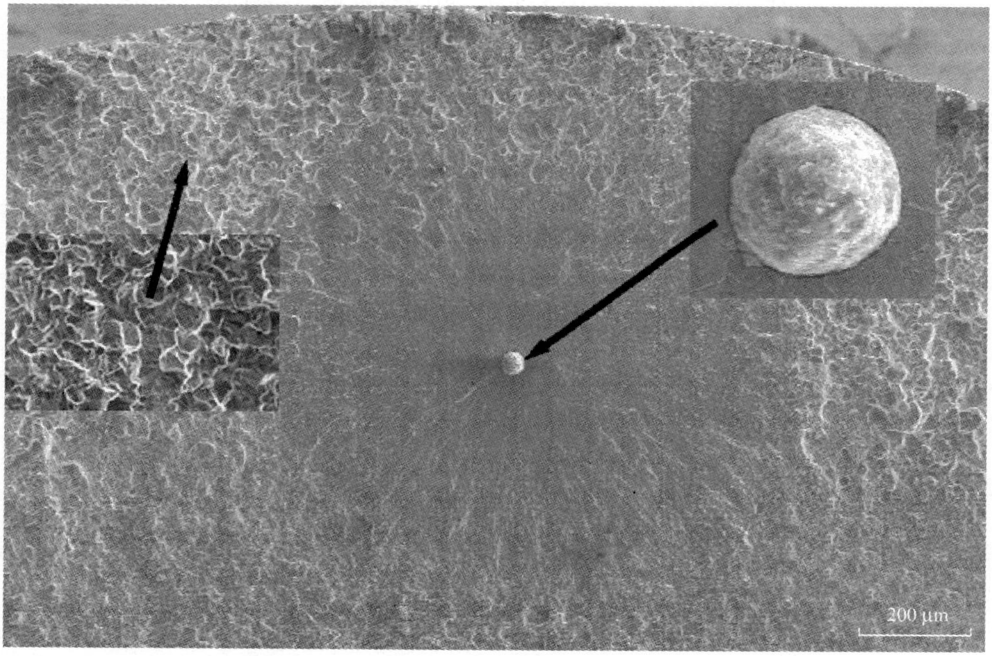

拍摄经历及技术背景：

在扫描电子显微镜下拍摄，试样是 20CrMoNb 渗碳齿轮钢经旋转弯曲疲劳试验断裂，在渗碳层中夹杂物（Al_2O_3）与基体界面处起裂，沿原奥氏体晶界扩展。渗碳热处理工艺：在碳势为 1.0%时，930℃保温 7 h，再经 830℃保温 40 min，油冷，低温回火 2 h。通过控制夹杂物尺寸和细化晶粒等方法，20CrMoNb 渗碳齿轮钢的疲劳强度比常用 20CrMo 渗碳齿轮钢提高了约 20%。

弹簧钢中的非金属夹杂物

作　　者：付书红　惠卫军
工作单位：钢铁研究总院结构材料研究所
研究对象：弹簧钢
拍摄设备：S-4300 扫描电子显微镜
拍摄时间：2004 年 7 月

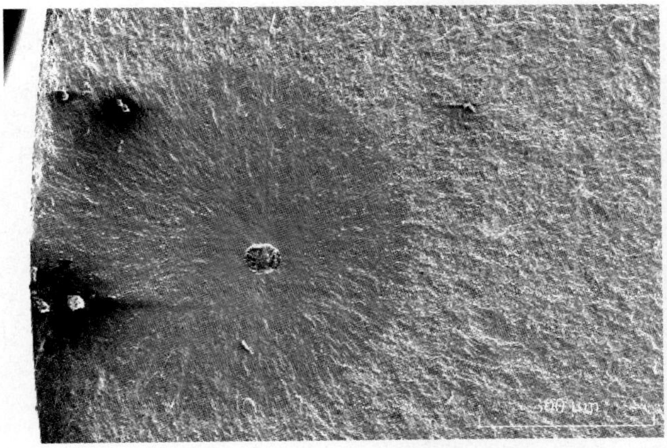

图 1

σ_{max}＝824 MPa，N_f＝3.94×10^6 周

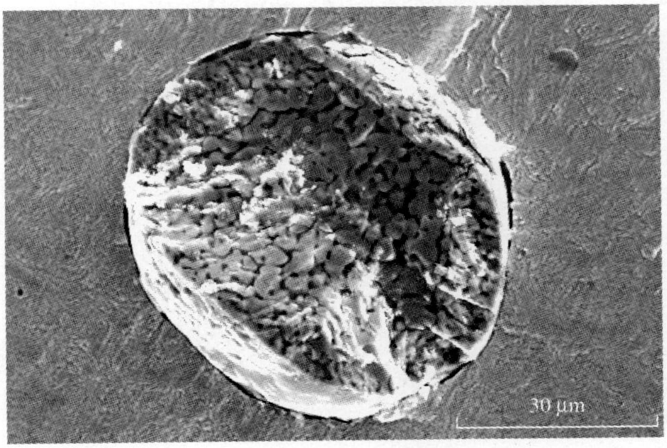

图 2

σ_{max}＝824 MPa，N_f＝3.94×10^6 周

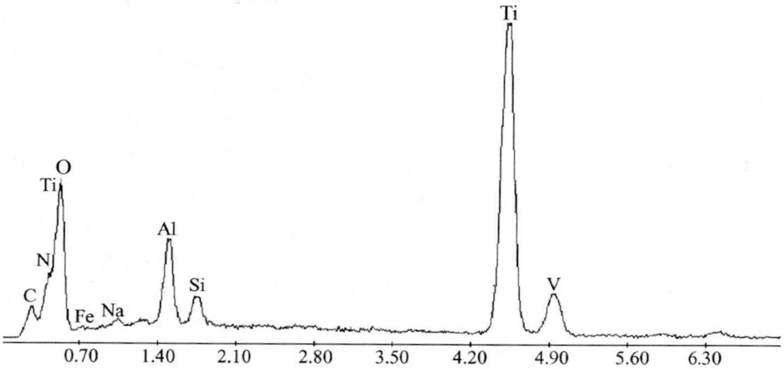

图 1、图 2 中夹杂物成分的能谱示意图

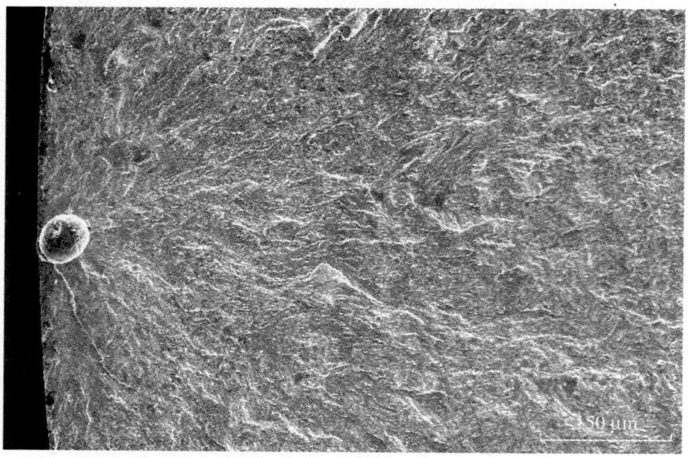

图 3　σ_{max}=843MPa，　N_f=6.66×10^4 周

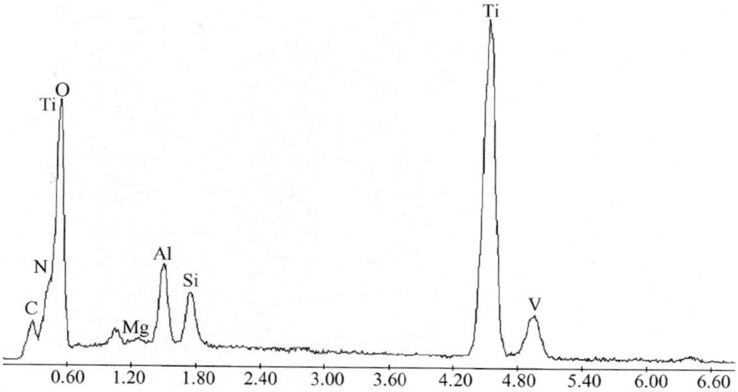

图 3 中夹杂物成分能谱示意图

拍摄经历及技术背景：

图 1、图 2 所研究钢种为弹簧钢。热处理工艺为：925℃淬火，350℃回火。图 2 为图 1 中心“鱼眼状”非金属夹杂物的放大效果。夹杂物大小为 53.6 μm，距表面距离为 369.5 μm。循环应力σ_{max}＝824 MPa，循环周次为 N_f＝3.94×10^6 周。由于寿命较长，夹杂物周围有暗区。

图 3 研究钢种为弹簧钢。热处理工艺为：925℃淬火，200℃回火。图 3 中的夹杂物周围没有暗区是因为循环周期短。夹杂物大小为 53 μm，距表面距离为 26.5 μm。循环应力σ_{max}＝843 MPa，循环周次为 N_f＝6.66×10^4 周。

弹簧钢的上贝氏体和少量马氏体

作　　者：翁韶华
工作单位：兴澄特钢质量部
研究对象：60SiMn 弹簧钢
拍摄设备：JSM-5600Lv 扫描电子显微镜
拍摄时间：2005 年 7 月

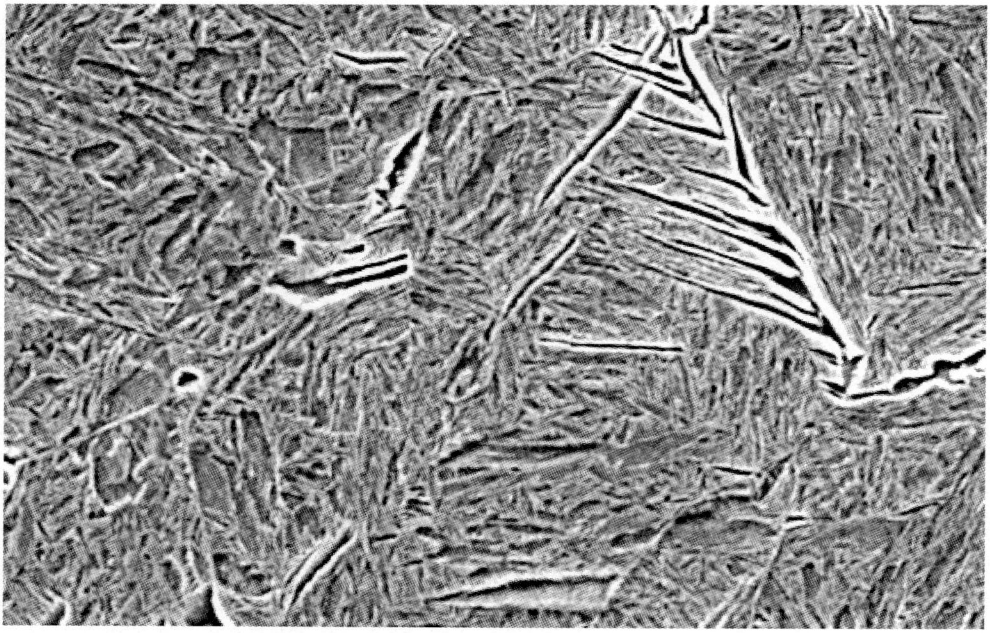

拍摄经历及技术背景：
工艺状况：淬火；
侵蚀方法：4%的硝酸酒精溶液侵蚀；
组织说明：羽毛状上贝氏体和少量针状马氏体。

34CrNiMo 钢组织

作　　者：胡　进　吴英梅　狄友妮
工作单位：四川攀长钢公司计量检测中心
研究对象：34CrNiMo 钢
拍摄设备：数码相机
拍摄时间：2007 年 3 月 19 日

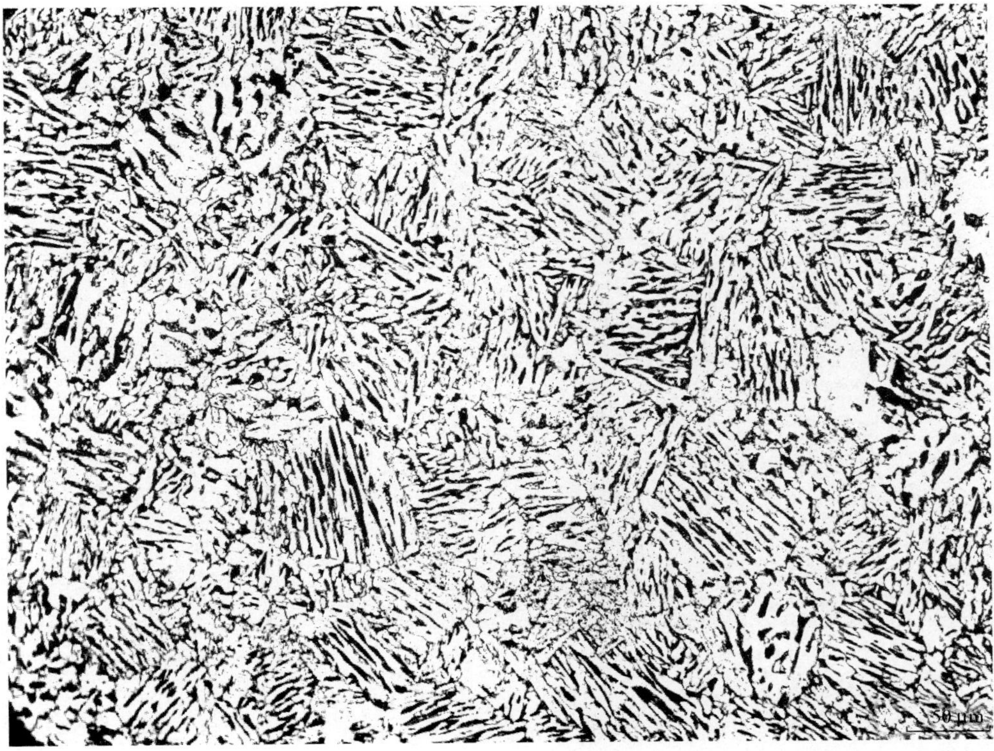

拍摄经历及技术背景：
34CrNiMo 钢组织，分辨率 2592×1944。

45CrNiMoVA 电渣钢冲击断口形貌

作　　者：李玉海　李智丽　李树梅　韩风英
工作单位：内蒙古一机集团工艺技术中心
研究对象：45CrNiMoVA 电渣钢
拍摄设备：LEO-EVO50HV
拍摄时间：2005 年 3 月

拍摄经历及技术背景：

冲击断口扫描图片试样取自ϕ65 mm 的 45CrNiMoVA 电渣钢棒料，经 950℃正火、1350℃淬火、180℃回火，冲击韧性 A_{KU}=32J，晶粒度 0.0 级。

粗大的晶粒及晶界，中间舌状晶粒上表面为孪晶（亚晶界）晶面，其上分布着呈 120°（60°）位向角度的成排马氏体，试样裂纹扩展方向由左向右。

38Si7 钢的回火马氏体组织

作　　者：郝立群
工作单位：钢铁研究总院结构材料研究所
研究对象：38Si7 钢
拍摄设备：GX51 型光学显微镜
拍摄时间：2007 年 8 月 15 日

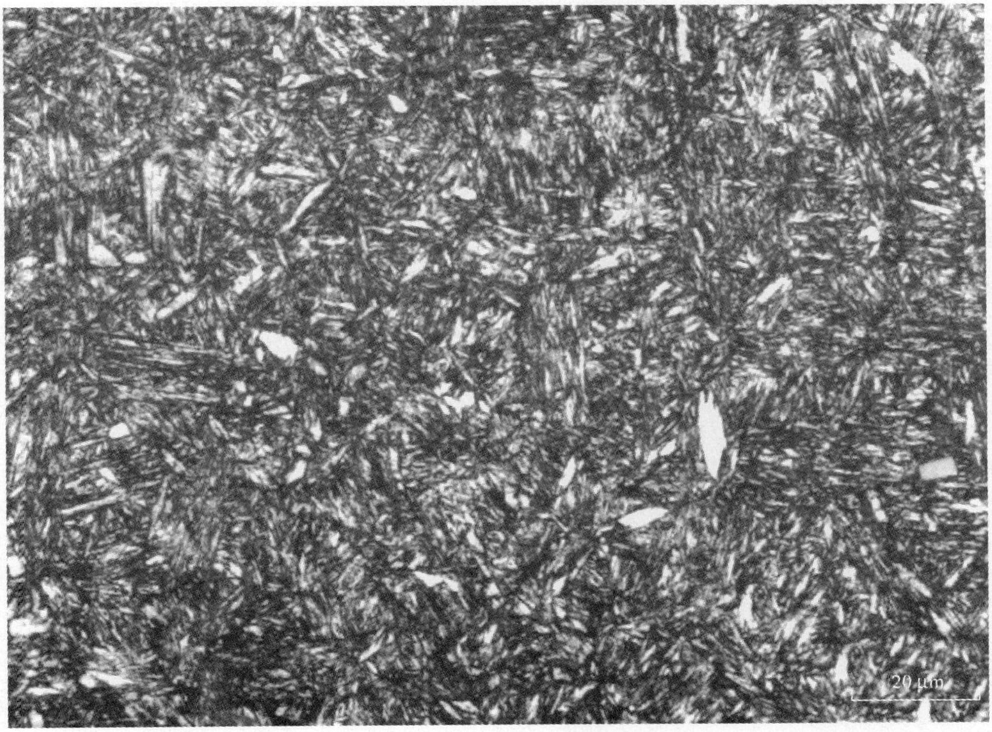

拍摄经历及技术背景：

材料名称：38Si7；

侵蚀剂：3%硝酸酒精溶液；

处理情况：淬火后再经中温回火，GX51 型光学显微镜下采集；

组织说明：基体为保持马氏体针状形态分布的回火托氏体，其中含有少量的铁素体和渗碳体。此组织形态的弹条用钢强度在 1500 MPa 级左右。

40CrNi2Mo 钢的超细马氏体组织

作　　者：肖红亮　时　捷
工作单位：钢铁研究总院结构材料研究所、昆明理工大学
研究对象：40CrNi2Mo 钢
拍摄设备：Olympus Gx51 金相显微镜、S-4300 扫描电镜、H-800 透射电镜
拍摄时间：2008 年 3 月

图 1

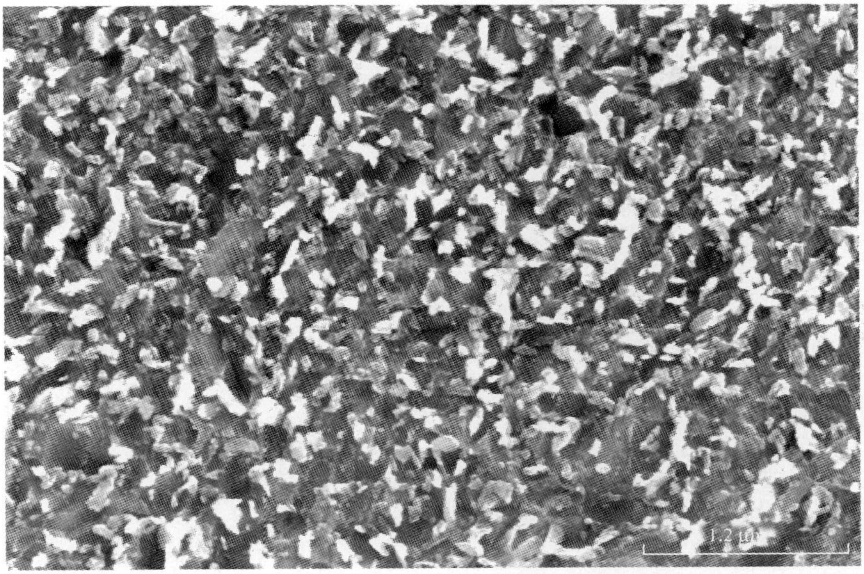

图 2

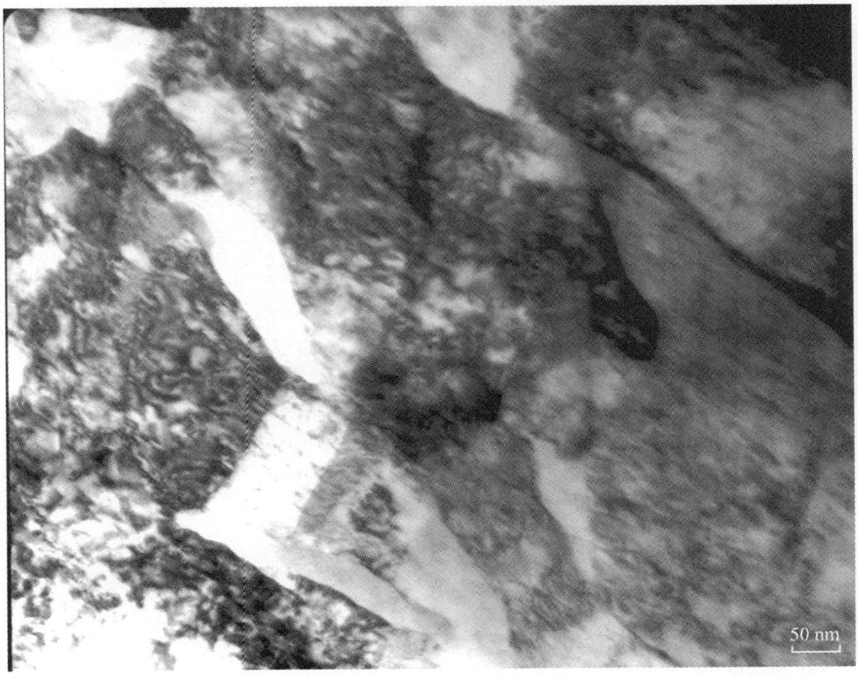

图 3

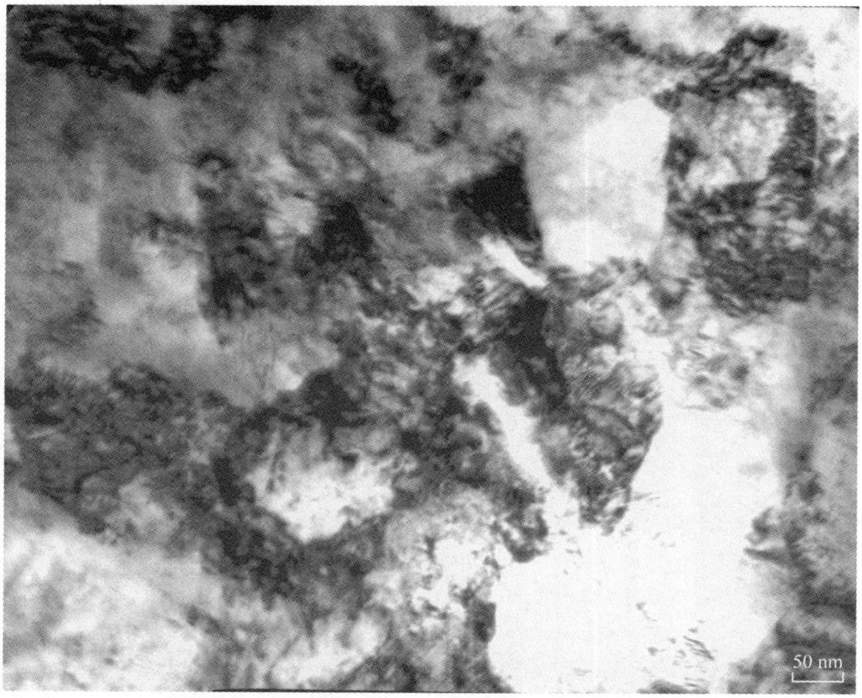

图 4

拍摄经历及技术背景:

40CrNi2Mo 钢经 890℃淬火，400℃回火处理，弹丸以 520m/s 速度冲击条件下形成的超细马氏体组织。此马氏体组织内部非常细小，不易腐蚀，2%硝酸酒精腐蚀后在金相显微镜下呈白亮形式，如图 1 所示。组织中心的碳全部发生固溶，导致硬度高于相同条件下的淬火态硬度，对其进行 400℃保温 10 h、空冷的热处理，发现组织中心固溶的碳析出，如图 2 所示，引起试样硬度下降。此组织由马氏体板条逐渐碎化而成，如图 3 所示，最终形成大小 200～300nm 的细小等轴晶，如图 4 所示。

4340 钢的等温处理贝马复相组织

作　　者：郝立群
工作单位：钢铁研究总院结构材料研究所
研究对象：4340 钢
拍摄设备：GX51 型光学显微镜
拍摄时间：2008 年 3 月 22 日

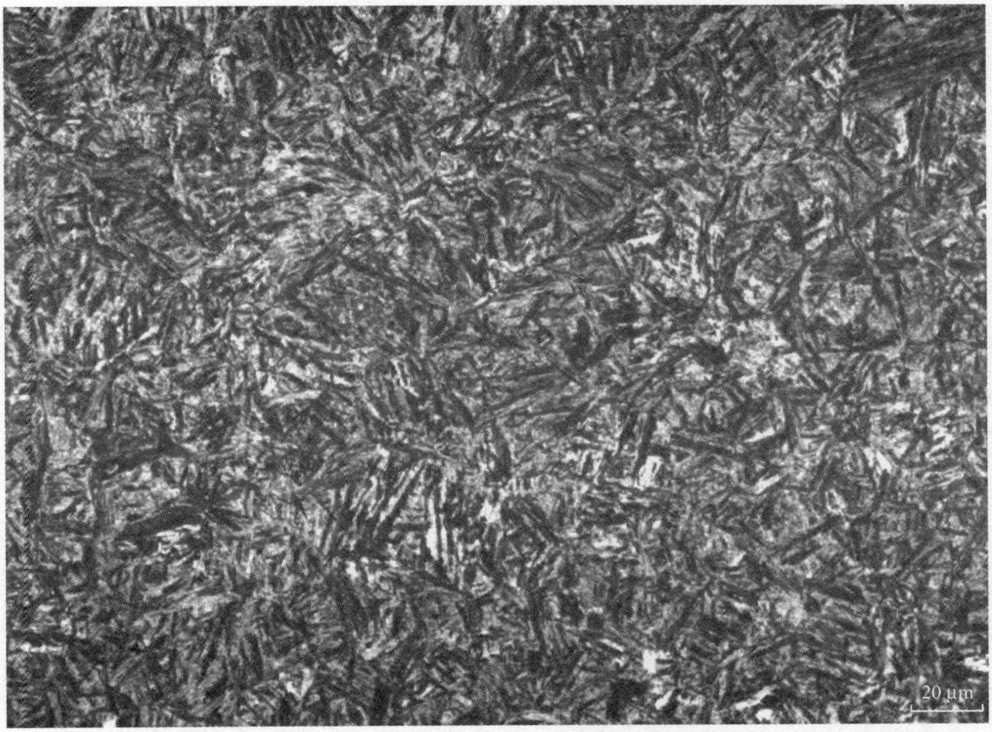

拍摄经历及技术背景：

材料名称：4340 钢；

侵蚀剂：3%硝酸酒精溶液；

处理情况：奥氏体化后盐浴等温处理再低温回火，GX51 型光学显微镜下采集。

组织说明：基体为马氏体，其上分布的下贝氏体将马氏体板条均匀分割，称贝马复相组织。下贝氏体具有良好的强韧性，一定抗拉强度范围内，含适量下贝氏体的贝马复相组织有效提高了实验钢的塑韧性。

10CrNi3MoV 钢中铁素体与马氏体组织

作　　者：沈俊昶
工作单位：钢铁研究总院结构材料研究所
研究对象：10CrNi3MoV 钢
拍摄设备：FM300 数字显微硬度计、S-4300 扫描电子显微镜
拍摄时间：2006 年 10 月

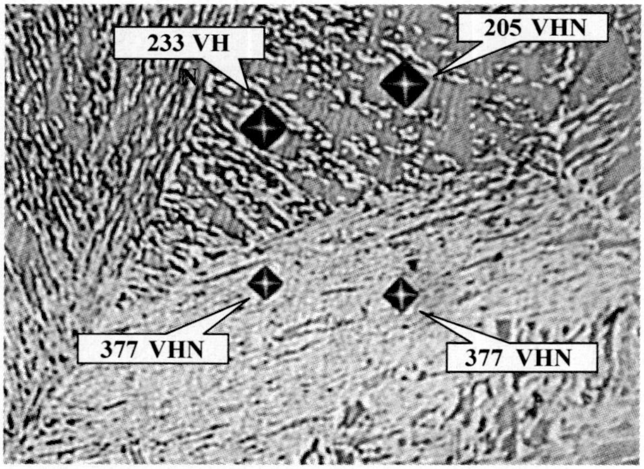

图 1　10CrNi3MoV 钢中铁素体与马氏体组织的显微硬度

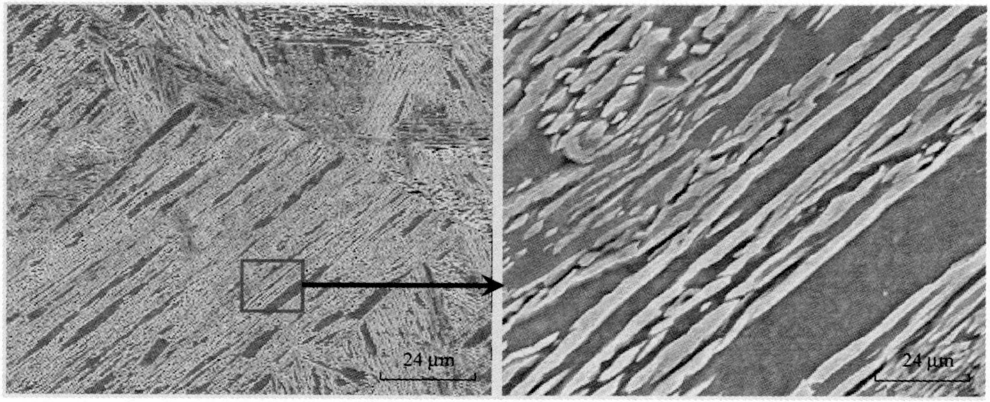

图 2　SEM 形貌

拍摄经历及技术背景:

试验用的10CrNi3MoV钢是一种船体结构用低合金高强度钢。传统上，该钢通过调质工艺生产，屈强比达到0.9左右。本研究采用了一种特殊的热处理工艺，即在正常的淬火（Q）、回火（T）之间增加一次两相区淬火（Q′）。两相区淬火加热过程中，钢中局部区域转变为奥氏体，在随后的冷却过程中，得到马氏体+铁素体复相组织。软的铁素体与硬的马氏体混合组织符合混合物定律，使10CrNi3MoV钢的屈强比降低到0.8左右，对工程结构的安全性具有重要意义。

本组照片采用FM300数字显微硬度计和S-4300扫描电子显微镜拍摄，试样为两次淬火后的10CrNi3MoV钢。图1中可以看到，灰色铁素体区域的压痕明显大于白色的马氏体区域。表明经过二次淬火后的复相组织硬度表现出明显差异。需要指出的是，图1中的白色区域并非全部是二次马氏体，着色腐蚀后在光学显微镜下不能观察到更精细的组织，并且受显微硬度试验中压痕尺寸的限制，测量存在一定误差。采用SEM观察后（图2），可以发现以马氏体为主的区域实际上仍然存在少量铁素体组织。如果完全是马氏体组织，其硬度会更高。

9Ni 钢 SMAW 异种接头熔合线附近组织

作　　者：马成勇　杨　柏　张晓牧
工作单位：钢铁研究总院结构材料研究所
研究对象：9Ni 钢
拍摄设备：Leica 光学显微镜
拍摄时间：2007 年 3 月

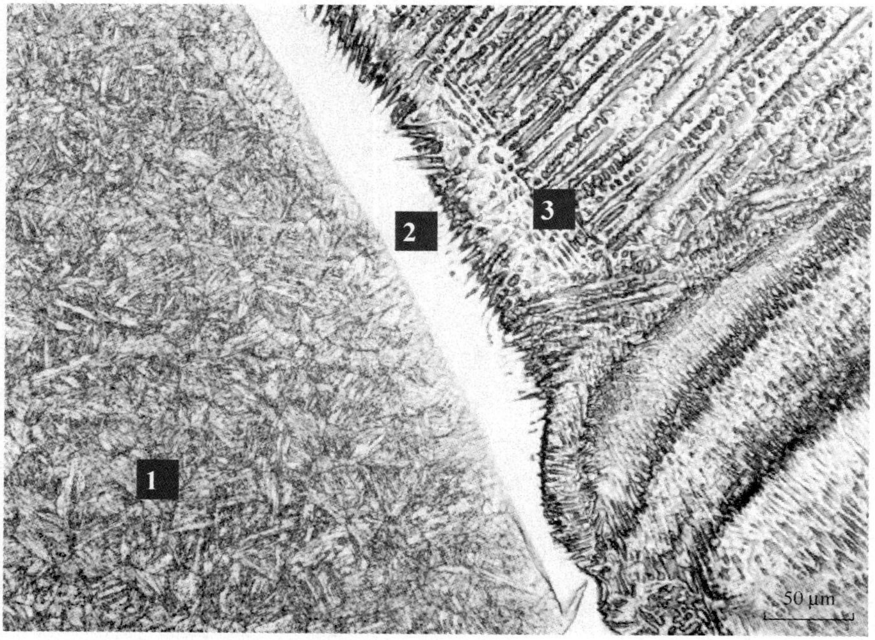

拍摄经历及技术背景：

试样为 9Ni 钢 SMAW 焊接接头熔合线附近组织。9Ni 钢是 LNG 低温储罐用关键材料，由于对整体结构在-196℃下的低温韧性要求较高，故焊接的难度相当大，传统的铁基焊材很难满足要求。作者采用 NIMROD 625KS 镍基焊条焊接 9Ni 钢可以获得-196℃下优良的低温韧性。由于是异种金属接头，焊缝与母材对腐蚀剂会产生选择性腐蚀，而且由于经历焊接热循环，9Ni 钢母材焊接热影响区和熔合区本身也是一种梯度组织，故金相腐蚀和分析都比较困难。该光学金相照片是采用分步腐蚀，即先采用 10%的铬酸电解然后采用 2% 的硝酸酒精擦拭获得的。具体组织组成为：1 区为母材粗晶区低碳马氏体，2 区为熔合线焊缝侧白亮马氏体带，3 区为焊缝奥氏体柱状晶。

10CrNi8MoV 钢中的逆转变奥氏体

作　　者：沈俊昶
工作单位：钢铁研究总院结构材料研究所
研究对象：10CrNi8MoV 钢
拍摄设备：H-800 透射电子显微镜
拍摄时间：2005 年 1 月

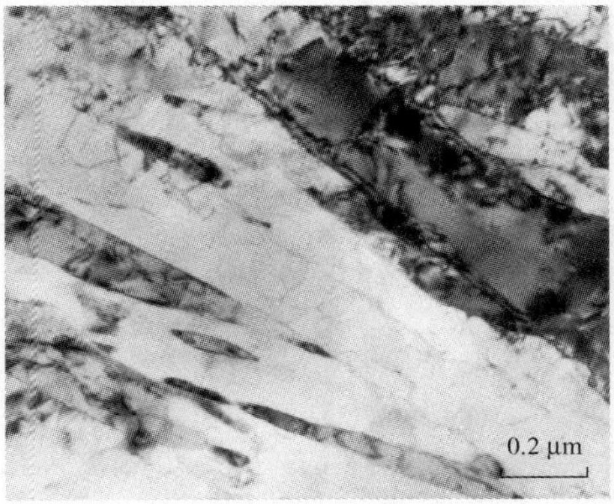

图 1　明场相

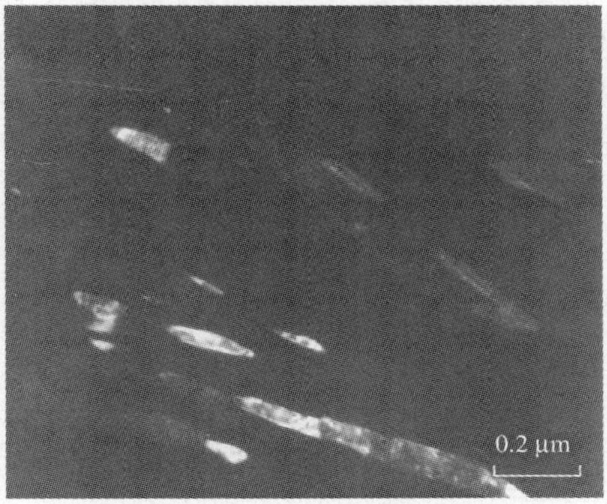

图 2　暗场相

图 3　电子衍射花样

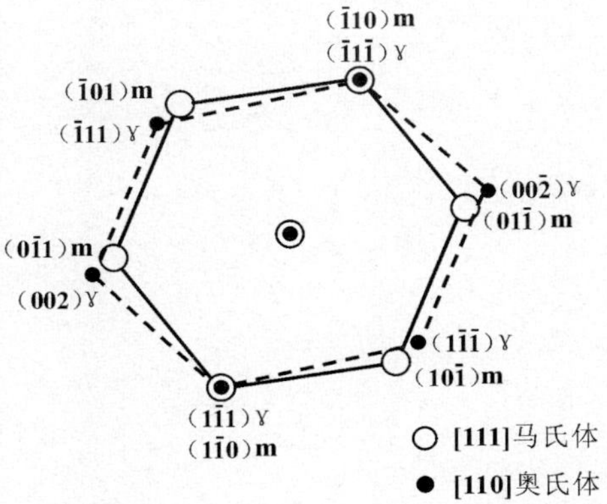

图 4　指数标定

拍摄经历及技术背景:

试验用的 10CrNi8MoV 钢是一种船体结构用低合金高强度钢，要求在高强度的前提下具有良好的低温韧性。传统上，这类钢通过淬火+高温回火的调质工艺获得高强度、高韧性匹配。为了进一步挖掘该钢的性能潜力，提高低温韧性，降低屈强比，本研究采用了一种特殊的热处理工艺，即在正常的淬火（Q）、回火（T）之间增加一次两相区淬火（Q′）。两相区淬火过程中，钢中局部区域转变为奥氏体，导致钢中的成分起伏，在随后的回火过程中，合金元素富集区域温度超过临界点，因此形成了逆转变奥氏体。本组照片采用 H-800 型透射电子显微镜拍摄，试样为 QQ′T 处理后的 10CrNi8MoV 钢，照片中可以看到，试验钢组织为回火马氏体，沿马氏体板条边界，有短杆状的逆转变奥氏体析出。逆转变奥氏体是一种富镍的韧化相，具有很高的组织稳定性，在很低温度下不会发生相变，在断裂过程中，可以吸收更多的能量，阻止裂纹的进一步扩展，提高钢的韧性，并且大幅度降低了屈强比。

3.2 不锈钢和耐热钢

1Cr17 不锈钢热轧板纵截面组织

作　　者：张寿禄
工作单位：太原钢铁集团公司技术中心
研究对象：1Cr17 不锈钢
拍摄设备：LEO438VP 扫描电镜 4QBSD 背散射电子探测器
拍摄时间：2006 年 8 月

拍摄经历及技术背景：

1Cr17 铁素体不锈钢热轧板纵截面试样经金相机械抛光后再进行电解抛光，然后采用扫描电镜中背散射电子探测器的晶体取向衬度成像技术拍摄到的从表面到心部的组织。

由于轧板表面的变形大于心部，以及由于热轧板的自然散热，表面温度低于中心，所以表面附近的再结晶驱动力远大于中心，因此，在表面附近形成细小的再结晶组织（见下部区域），而中心受回复控制，不发生再结晶，依然为拉长变形状态（见上部区域）。

热处理 2Cr13 钢微观组织

作　　者：郑文杰　宋志刚
工作单位：钢铁研究总院结构材料研究所
研究对象：2Cr13 钢
拍摄设备：S-4300 冷场发射扫描电子显微镜
拍摄时间：2005 年 7 月

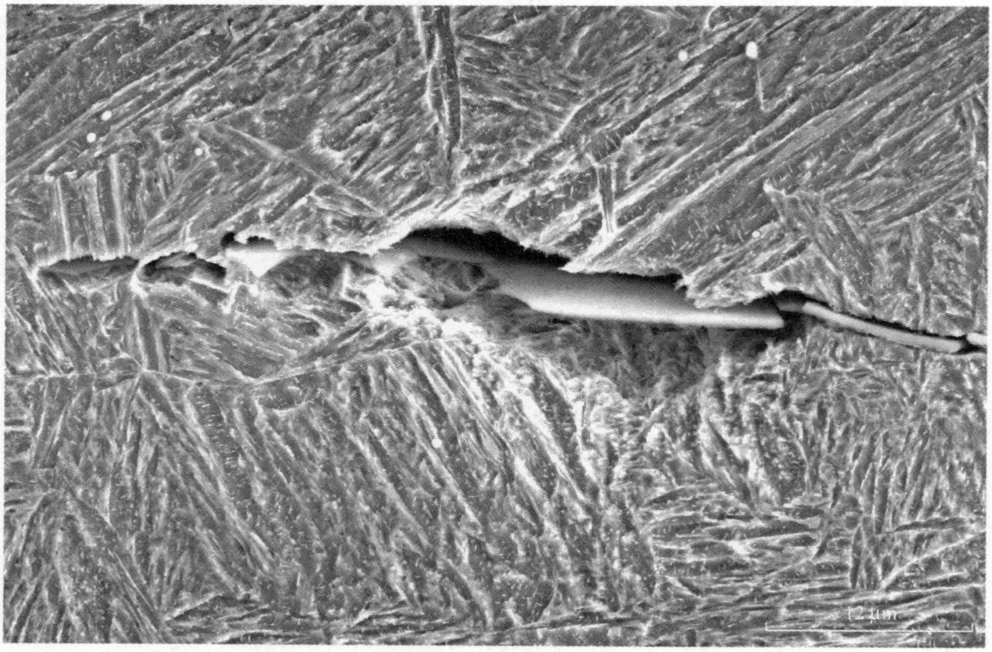

拍摄经历及技术背景：

2Cr13 钢转动座经 860℃球化退火，在真空淬火后 280℃回火。基体为马氏体淬火组织，局部在低倍下发现有疑似裂纹存在，如果有显微裂纹存在，工件将报废。

经过轻腐蚀，扫描电子显微镜下高倍观察，发现原疑似裂纹处有 Al_2O_3 片状夹杂嵌镶在基体上，其成分通过能谱确认。图为 Al_2O_3 片状夹杂物在高倍下的形貌。如果腐蚀过深，夹杂物脱落，在低倍下观察容易与裂纹混淆。腐蚀液为：苦味酸+盐酸+酒精轻腐蚀。

Sup13Cr 钢δ-铁素体长大倾向组织

作　　者：夏　晶　张秀丽
工作单位：东北特钢集团抚顺基地
研究对象：Sup13Cr(0Cr13Ni5MoNbVN)钢
拍摄设备：Olympus-GX51
拍摄时间：2007 年 2 月

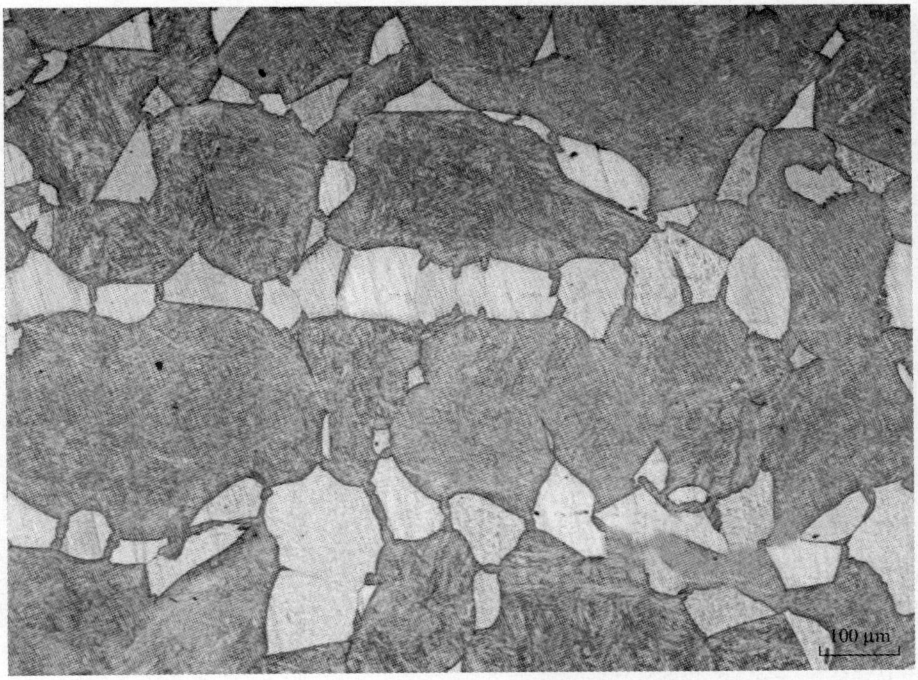

拍摄经历及技术背景：

试样钢加工工艺为电炉+VOD 炉外精炼，经粗轧后成品，终轧温度 900℃，交货状态为 620℃退火。组织中δ-铁素体含量低。通过改变轧制温度、保温时间进行δ-铁素体长大倾向试验，发现当加热温度在 1260℃、保温 10 h 处理后δ-铁素体迅速大量聚集长大。低于此温度和保温时间，δ-铁素体变化不大。此照片为 1260℃、保温 10 h 后的组织，为了便于腐蚀又经 600℃，2 h 回火处理（不影响δ-铁素体的析出）。其组织为回火板条马氏体与δ-铁素体。腐蚀试剂为 1.5 g $CuSO_4$。

含铜抗菌铁素体不锈钢中时效析出的ε-Cu 相

作　　者：张寿禄
工作单位：太原钢铁集团公司技术中心
研究对象：含铜抗菌铁素体不锈钢（430Cu）
拍摄设备：LEO438VP 扫描电子显微镜、4QBSD 背散射电子探测器
拍摄时间：2005 年 4 月

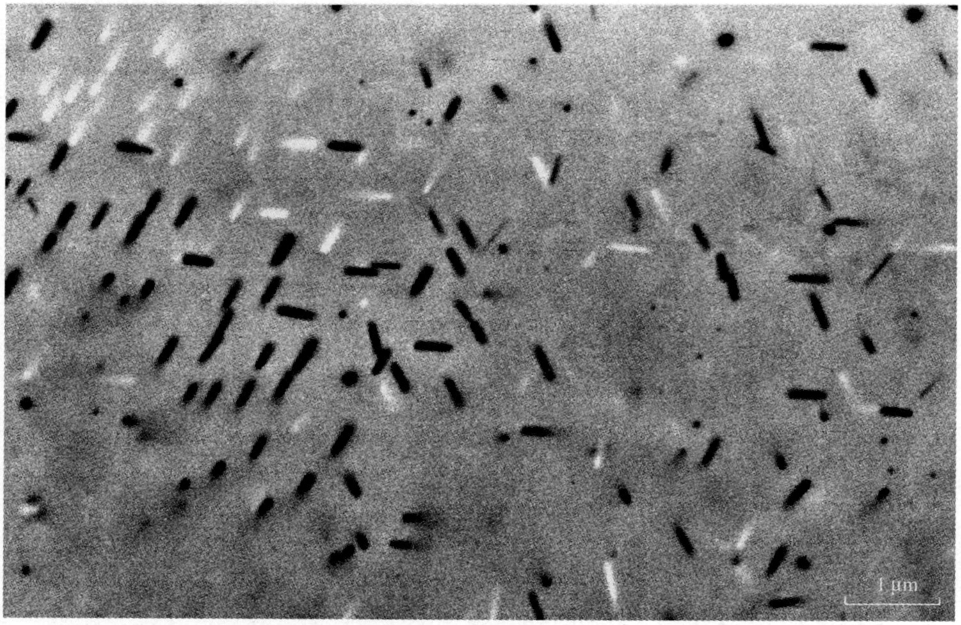

拍摄经历及技术背景：

在含铜抗菌铁素体不锈钢（430Cu）的研制过程中，经热处理时效析出弥散的ε-Cu 相是能否有抗菌效果的关键。表征ε-Cu 相一般采用透射电子显微镜观察。本图像是一幅扫描电子显微镜照片。试样经金相抛光后再进行电解抛光，然后采用扫描电子显微镜中背散射电子探测器在短工作距离下进行观察拍摄到该照片。其成像的原理是经电解抛光将试样表面影响晶体衍射的应力层、氧化层去除后，利用背散射电子的晶体取向衬度成像技术进行拍摄。在图像调节过程中，电镜工作距离要短、加速电压和探针电流要适当的高，背散射电子图像的对比度和亮度要相互匹配。照片中黑色和白色短棒状、点状颗粒均是ε-Cu 相，黑白颜色不同是由于晶体取向不同造成的。

不经特殊的试样表面处理，在扫描电子显微镜下是无法观察到该形貌的。

连铸不锈钢薄带微观组织

作　　者：王成全　吴建春　方　园
工作单位：上海宝山钢铁股份有限公司研究院
研究对象：宝钢 304 不锈钢连铸薄带
拍摄设备：Leica DMRD 正置式光学显微镜
拍摄时间：2005 年 7 月

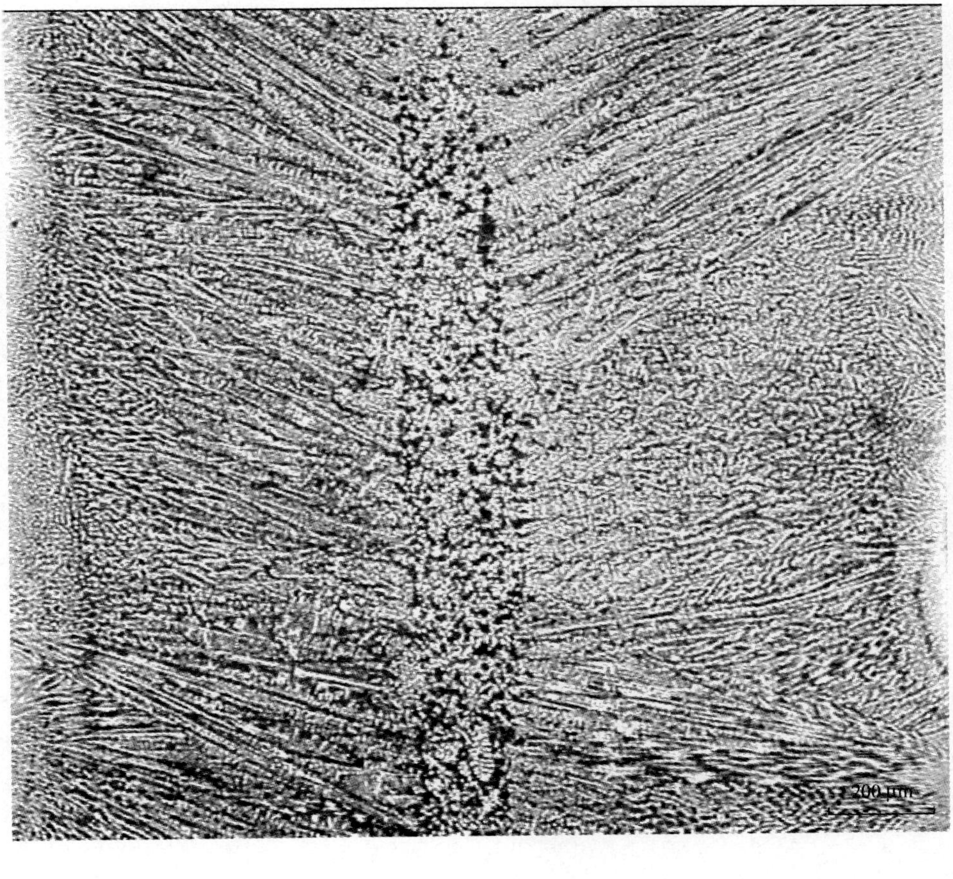

拍摄经历及技术背景：

本照片为双辊薄带连铸浇铸出的 304 不锈钢铸带横截面枝晶组织图（50 倍），手工抛光后，采用 $FeCl_3$（5g）+$CuCl_2$（2g）+HCl（5 mL）+CH_3COOH（50 mL）溶液腐蚀，可以观察到边部两侧为细长的柱状晶组织，中间部分为等轴晶组织，柱状晶与等轴晶比例约为 9:1。

薄带连铸 304 不锈钢中的晶内层错

作　　者：吴建春　于　艳　方　园　梁高飞
工作单位：上海宝山钢铁股份有限公司研究院
研究对象：304 不锈钢
拍摄设备：JEM-200CX 透射电子显微镜
拍摄时间：2008 年 2 月

拍摄经历及技术背景：

本图像是采用 JEM-200CX 透射电子显微镜观察到的薄带连铸 304 不锈钢晶内出现的层错，其特点是分布多、密度大、排列规则。该层错在传统流程 304 不锈钢产品中是不会出现的，对提高力学性能有一定作用。

薄带连铸 304 不锈钢中的 δ 铁素体

作　　者：吴建春　于　艳　方　园　梁高飞
工作单位：上海宝山钢铁股份有限公司研究院
研究对象：薄带连铸 304 不锈钢
拍摄设备：JEM-200CX 透射电子显微镜
拍摄时间：2008 年 2 月

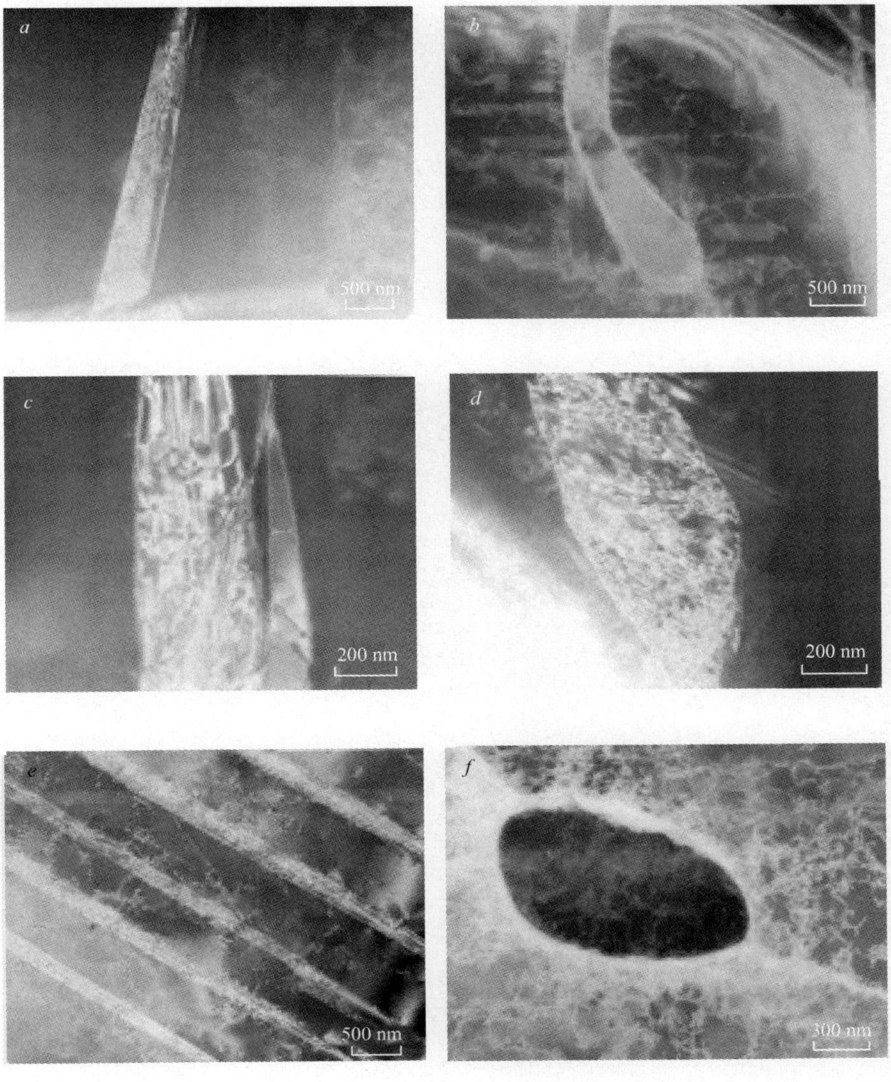

拍摄经历及技术背景：

薄带连铸 304 不锈钢中会残留一定含量的高温 δ 铁素体，其晶格类型为体心立方。通过透射电子显微镜观察，薄带连铸 304 不锈钢中的 δ 铁素体有多种形貌。图为采用 JEM-200CX 透射电子显微镜观察到的 δ 铁素体的形貌，其形貌呈现多样性：单根条状（图 *a*）、蠕虫状（图 *b*）、叶片状（图 *c*、图 *d*）、平行条状（图 *e*）、颗粒状（图 *f*）等。

夹杂物在 304 不锈钢凝固前沿被捕捉现象的原位观察

作　　者：黄福祥
工作单位：北京科技大学冶金与生态工程学院
研究对象：304 奥氏体不锈钢
拍摄设备：激光共焦扫描显微镜
拍摄时间：2005 年 12 月

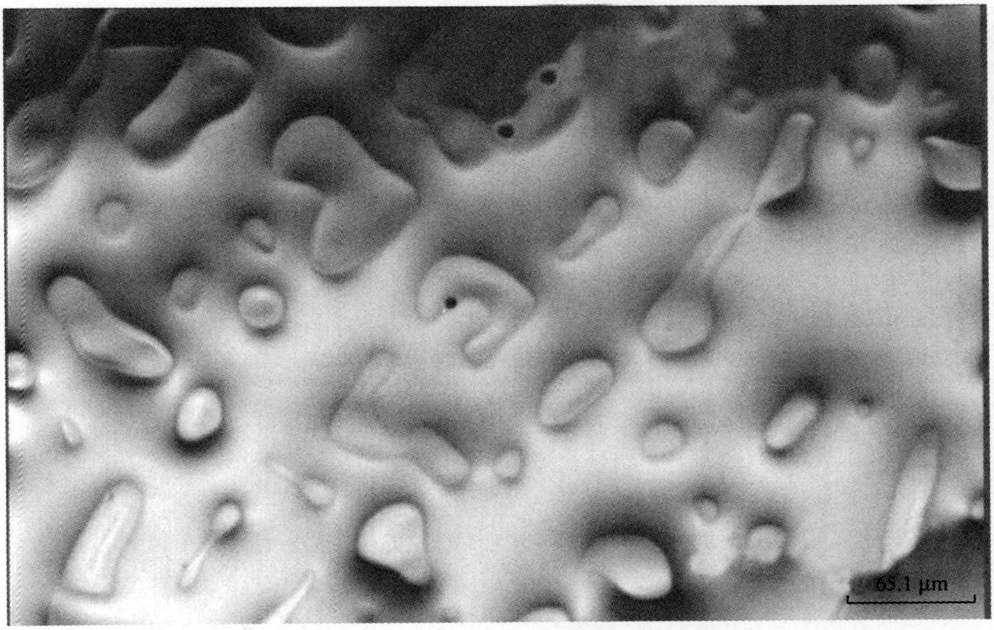

拍摄经历及技术背景：

采用激光共焦扫描显微镜对 304 奥氏体不锈钢凝固过程进行了原位动态观察。此图为夹杂物（图中的黑点，共两个）被先析出的 δ 铁素体相（图中的凹陷区域）的凝固前沿捕捉进入 δ 铁素体内部。

304 不锈钢组织

作　　者：梁永存　杨　钢
工作单位：钢铁研究总院结构材料研究所
研究对象：304 不锈钢
拍摄设备：MEF-4M 型金相显微镜
拍摄时间：2003 年 5 月

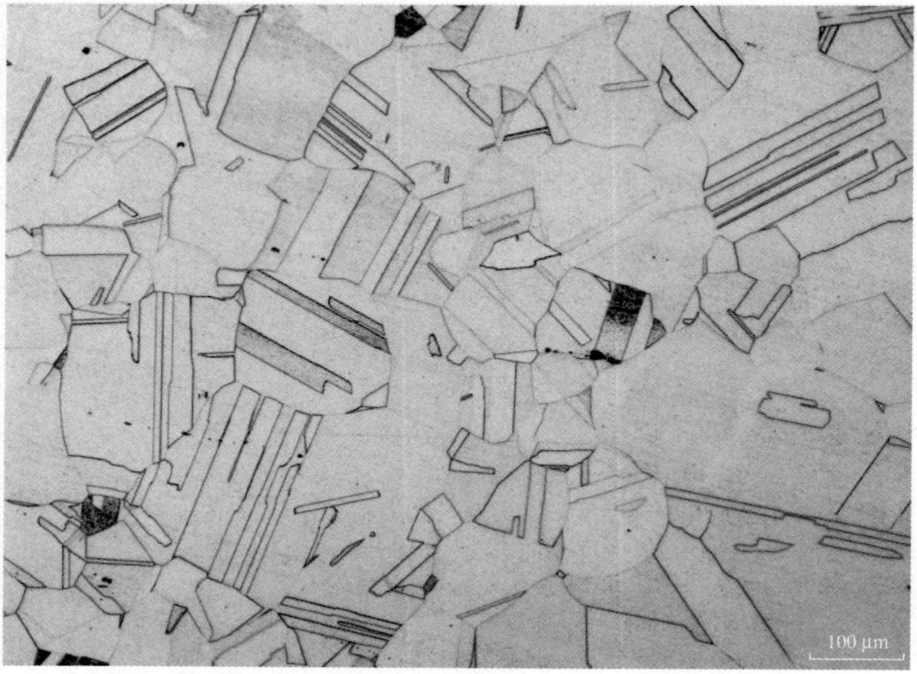

拍摄经历及技术背景：

304 不锈钢的原始组织：奥氏体晶粒与孪晶。

0Cr21Ni6Mn9N 奥氏体不锈钢组织

作　　者：刘树勋
工作单位：钢铁研究总院结构材料研究所
研究对象：0Cr21Ni6Mn9N 奥氏体不锈钢
拍摄设备：MEF-4M 型金相显微镜
拍摄时间：2004 年 3 月

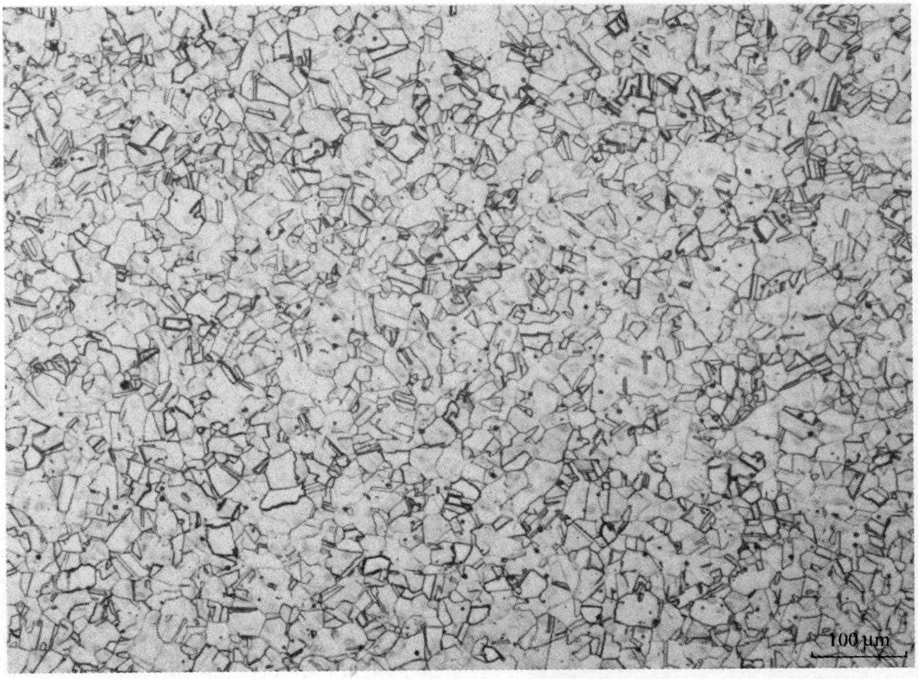

拍摄经历及技术背景：

Fe-0.020C-20Cr-6.4Ni-8.94Mn-0.31N 不锈钢经 1065℃固溶处理 1 h 后奥氏体组织形貌。侵蚀条件为 10%铬酸电解 30～60 s，电压为 4 V。

0Cr18Ni10Ti 钢微观组织

作　　者：王焕玲　宋志刚　季祥民
工作单位：钢铁研究总院结构材料研究所
研究对象：0Cr18Ni10Ti 钢
拍摄设备：MEF-4M 型金相显微镜
拍摄时间：2005 年 8 月

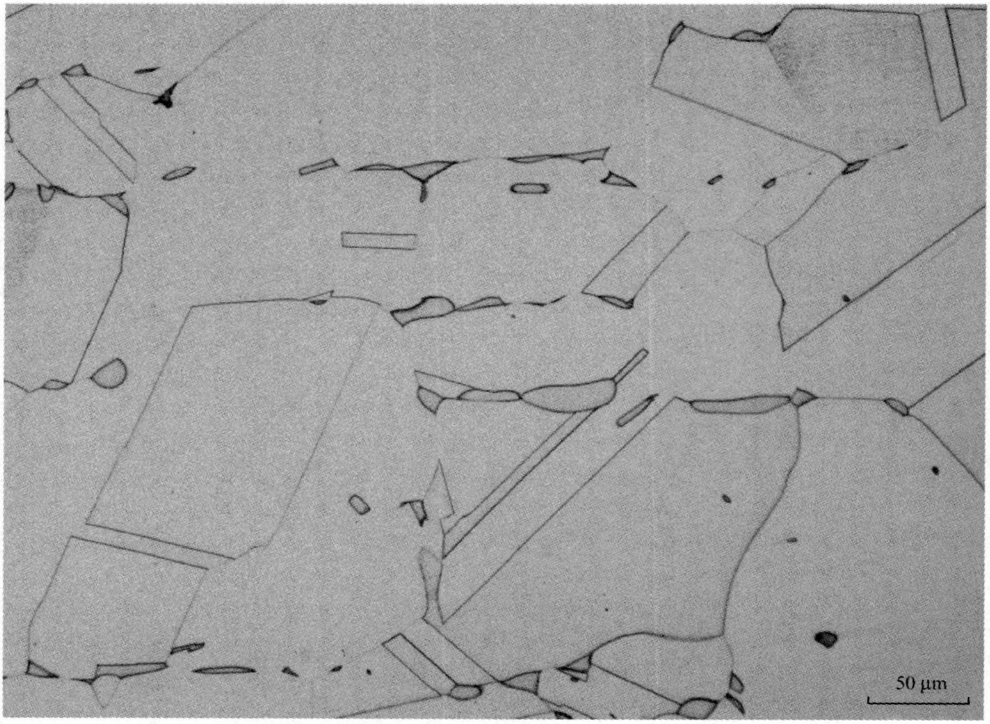

拍摄经历及技术背景：

工艺：AOD+ESR+热锻

特点：该照片是 0Cr18Ni10Ti 大型锻件的微观组织，为生产工艺正常时包括α相的微观组织。

1Cr18Ni9Ti 奥氏体不锈钢中铁素体相的立体图像

作　　者：张寿禄
工作单位：太原钢铁集团公司技术中心物理室电镜组
研究对象：1Cr18Ni9Ti 奥氏体不锈钢
拍摄设备：LEO438VP 扫描电子显微镜、二次电子探测器
拍摄时间：2007 年 11 月

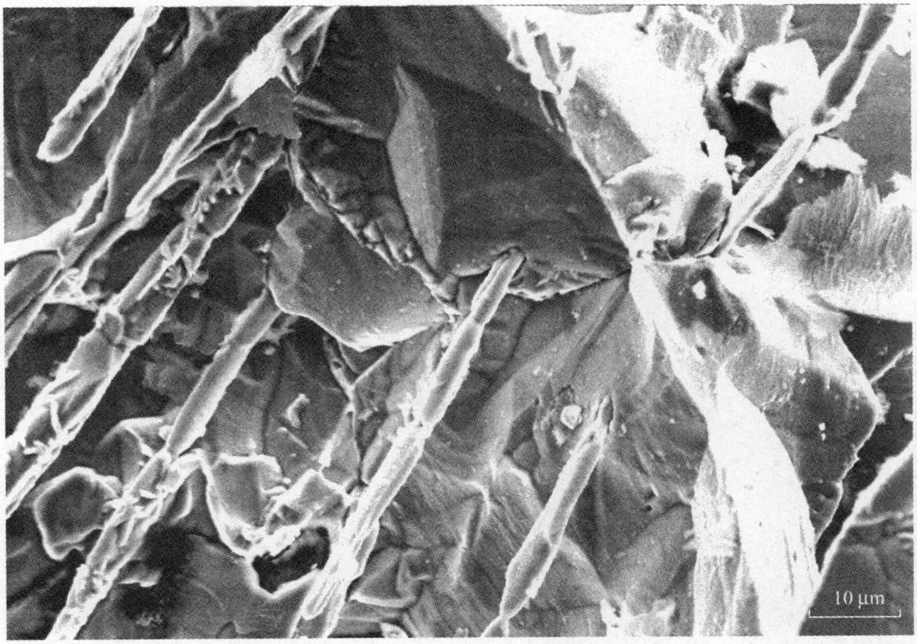

拍摄经历及技术背景：

1Cr18Ni9Ti 奥氏体不锈钢在固溶处理状态下，往往有少量铁素体第二相存在。1Cr18Ni9Ti 奥氏体不锈钢经选择性电解后观察到的铁素体第二相的三维立体图像，仿佛就是一幅钢筋混凝土的内部结构图，细长的铁素体相就像钢筋一样穿在奥氏体基体中。

电解液组成为 15%NaCl+2.5%酒石酸+2.5%硫脲+2.5%HCl 的水溶液，电流密度控制在 0.03～0.05A/cm^2,电压为 2V。在这种电解制度下，奥氏体基体发生了选择性溶解，使细长铁素体相裸露出来，呈现三维立体状态。

变形奥氏体钢退火中亚晶、再结晶晶核及退火孪晶

作　　者：杨　钢
工作单位：钢铁研究总院结构材料研究所
研究对象：304L 不锈钢
拍摄设备：H-800 透射电子显微镜
拍摄时间：2007 年 3 月

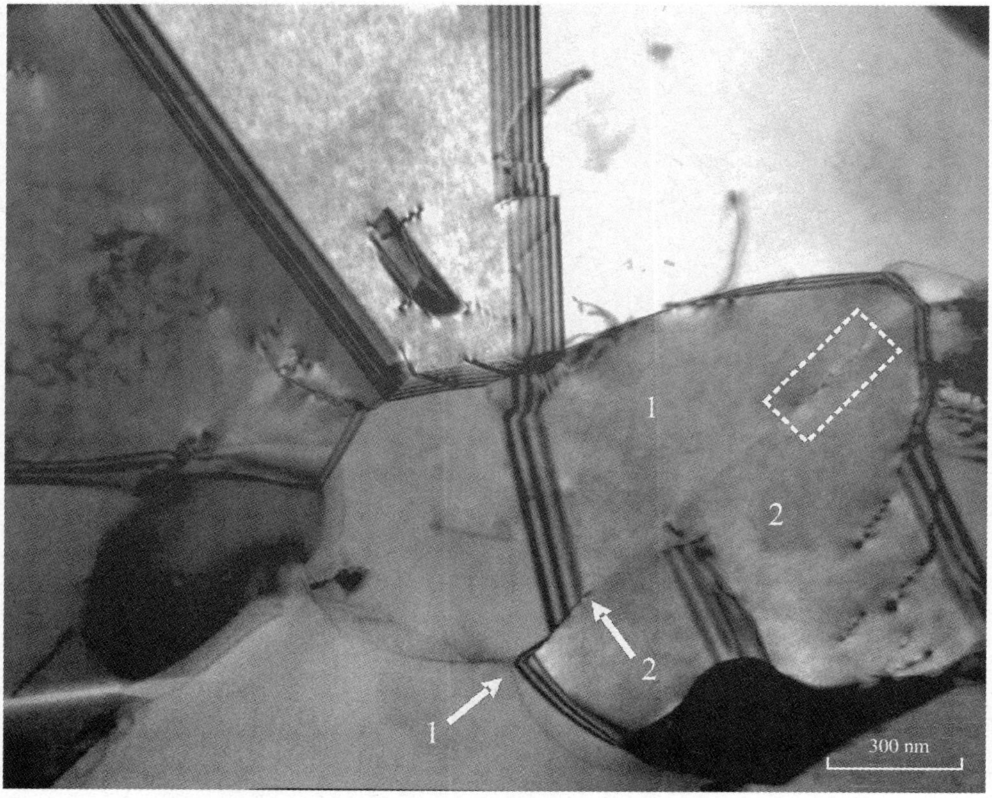

图 1　亚晶的合并长大——晶粒转动机制

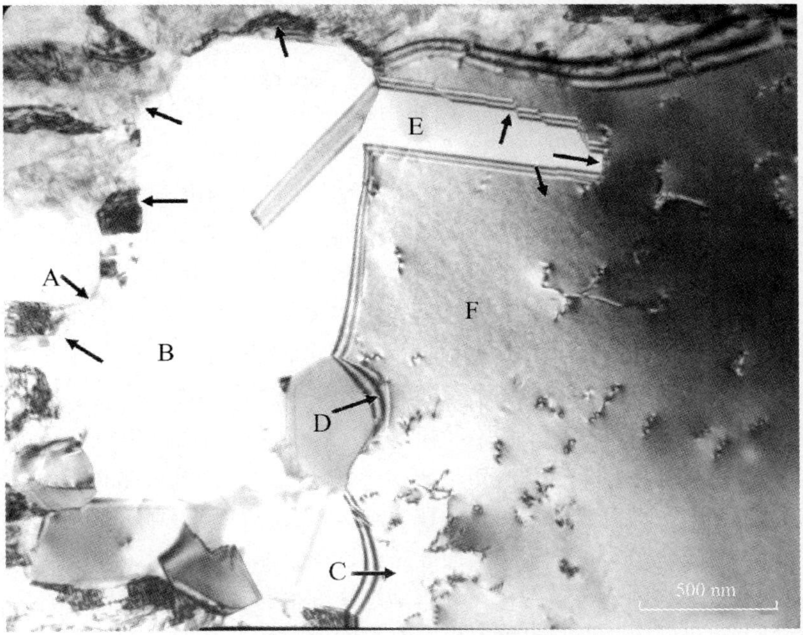

图 2 再结晶晶核的长大——台阶生长机制

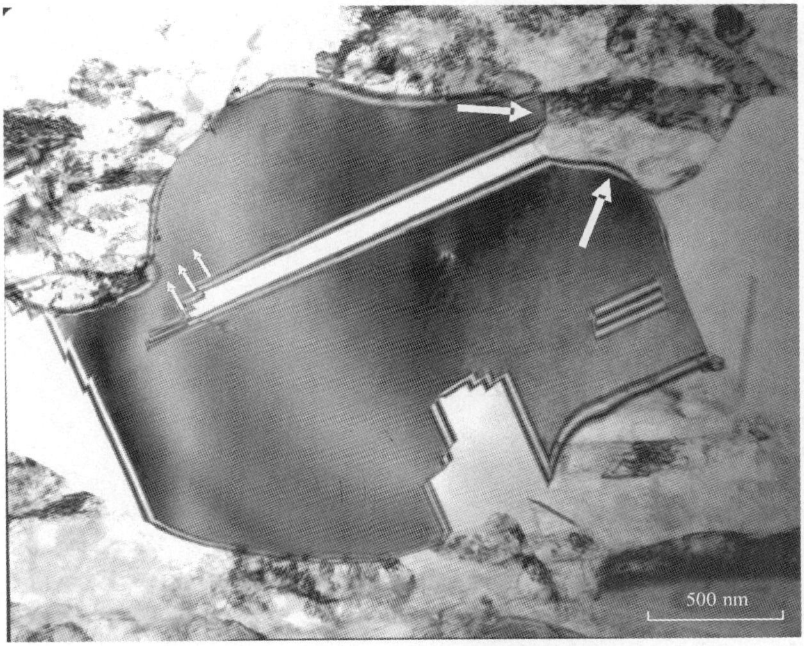

图 3 退火孪晶的长大——台阶生长机制

拍摄经历及技术背景:

试样为 304 L 不锈钢，一道次 ECAP+600℃×2 h 空冷。

图 1：箭头 1 方向为亚晶粒 1、2 的原始亚晶界。由于界面位错的运动（滑移、攀移）及相互作用（湮灭），亚晶界已大部分消失，但还存在一段亚晶界，箭头 2 所指，以及一段位错墙，见方框内。随界面位错的运动，相互作用的继续，最终导致亚晶界消失，此时 1、2 两个亚晶粒合并成为一个大的晶粒。亚晶合并机制是逐步进行的，是一个不连续的过程，其结果类似于两个亚晶粒发生了沿晶界的相对转动。

图 2：晶粒 A 形核于高应变区，其晶界以凸出机制扫过应变区向晶粒 B 方向迁移。而晶粒 B 也同样以凸出机制扫过应变区向晶粒 A 方向迁移，同时也向相邻的高应变区迁移，箭头所指。F 区域内有许多的位错线，但位错密度不高，可以认为此区域还没有发生再结晶，仅发生了回复过程。晶粒 C、D 的晶界以凸出机制向 F 区域迁移，见箭头所指的方向。从晶粒 E 的生长可以更清楚地看出，与区域相邻的三个方向的晶界以台阶状生长。因此可以确定再结晶晶核宏观上以凸出机制向高应变区生长，微观上是以台阶状向高应变区生长，属于不连续长大过程。

图 3：在亚晶界的迁移过程中可以形成退火孪晶。孪晶在长度方向随晶界迁移而长大，如图中箭头所示。而且可以看出，晶界的迁移速度高于孪晶的生长速度。在厚度方向，孪晶以台阶方式长大，如小箭头所指。

含氮奥氏体不锈钢中的层错

作　　者：顾玉丽　王　昌
工作单位：钢铁研究总院结构材料研究所、昆明理工大学
研究对象：含氮奥氏体不锈钢
拍摄设备：H-800透射电子显微镜
拍摄时间：2004年

拍摄经历及技术背景：

将含氮奥氏体不锈钢试样加热到 1100℃，保温 30 min 后水冷固溶处理。图为含氮奥氏体不锈钢固溶态的透射电子显微镜照片，可以看到奥氏体中存在大量的层错。

高氮钢中的氮化物析出

作　　者：马玉喜　荣　凡　杨长强　康喜范　杨卓越
工作单位：钢铁研究总院结构材料研究所
研究对象：Cr18Mn18N 不锈钢
拍摄设备：H-800 透射电子显微镜
拍摄时间：2006 年 11 月

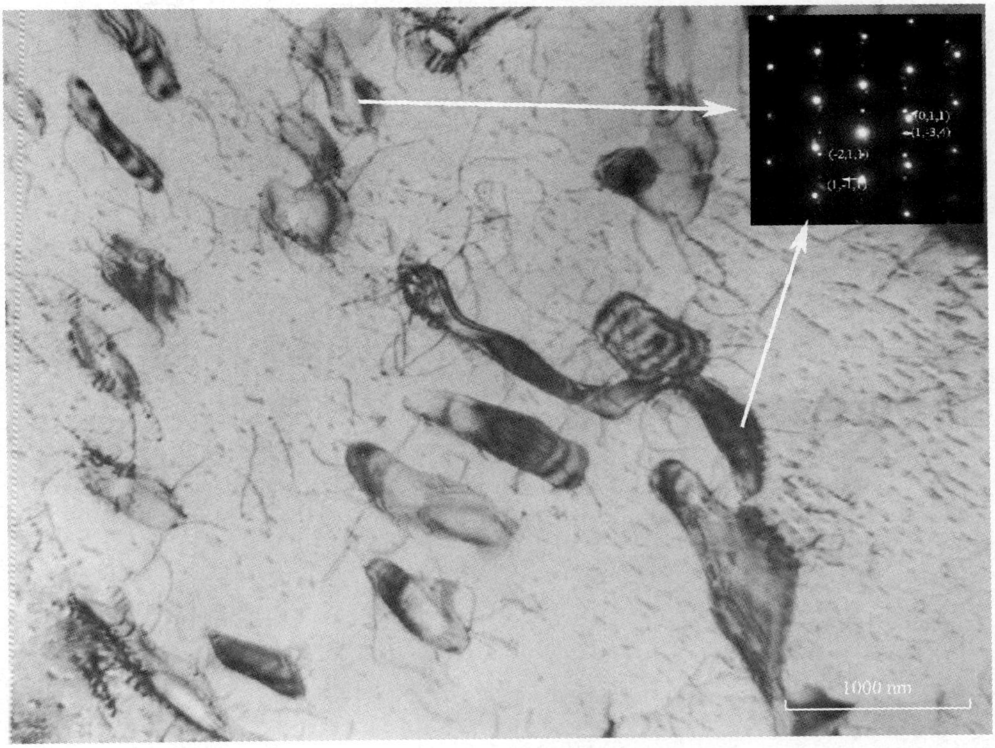

拍摄经历及技术背景

试样成分：Cr18Mn18N 不锈钢（成分的质量分数为 18.77% Cr，18.34%Mn，0.95%N，0.036%C，1.60% Mo，0.54%Si）

处理条件：1150℃×1 h 固溶处理后 850℃×8 h 保温，然后水淬。

CrMnN 系奥氏体不锈钢具有高强度特征，国内自 20 世纪 90 年代兴起研究热潮。它的第二相种类多达 20 余种，其中 Cr_2N 的析出情况是近几年学者争论的热点，其形态及其析出物和基体的位向关系各说不一。此图像是 Cr_2N 的典型形貌（位向：

$\gamma_Z[0,1,1]$ // Cr_2N_Z [7,9,−16,5]，γ (1,−1,1) // Cr_2N (−2,1,1,1)），它多以短棒状、颗粒状和钩状三种形态析出。其中短棒状、颗粒状多沿晶界分布，钩状多在晶内析出。如果保温时间较短，Cr_2N 首先从晶界开始沉淀。如果保温时间较长，晶内也会有大量的 Cr_2N 析出，但是其周围常有较多的位错和层错出现。可以推测这种析出机制与层错能的变化有关。层错能越低，越有利于 Cr_2N 的析出。

高氮不锈钢的晶间腐蚀

作　　者：徐　松　吴欣强

工作单位：中国科学院金属研究所

研究对象：高氮奥氏体不锈钢

拍摄设备：PHILIPS XL30 ESEMFEG

拍摄时间：2006 年 12 月

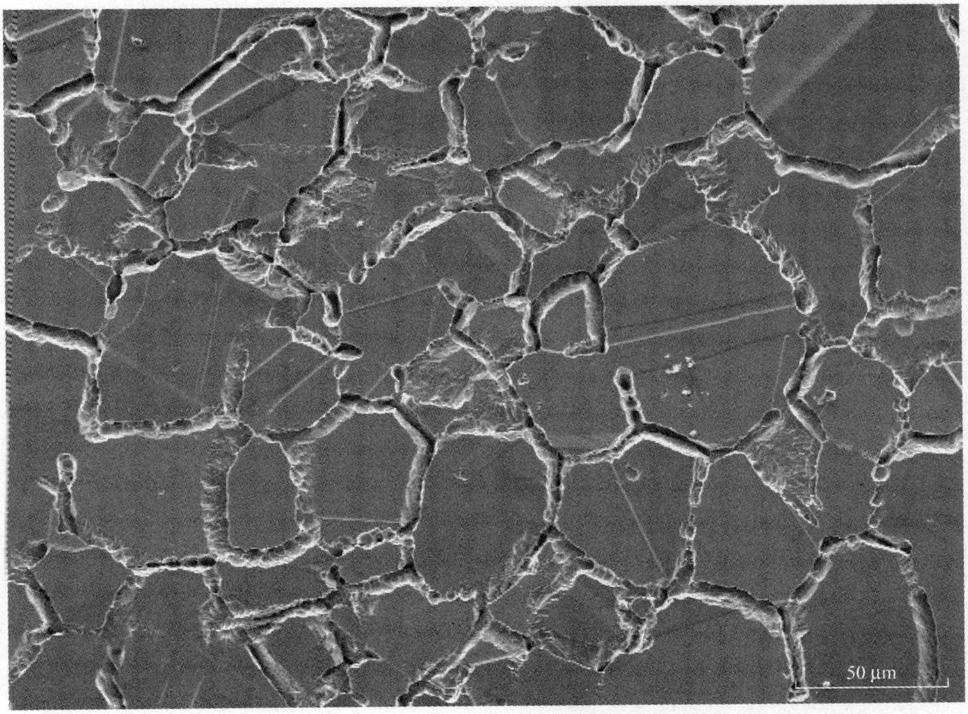

拍摄经历及技术背景：

试样热处理过程：1200℃保温 1 h 后水淬，然后 650℃保温 2 h 后空冷。

实验溶液为 $25gFe_2(SO_4)_3+236mLH_2SO_4+400mLH_2O$，温度:95℃，浸泡时间：120 h。

实验用 Fe18Cr18Mn（其中含 N 为 0.82%（质量分数））是一种新型高氮奥氏体不锈钢，用氮代替传统奥氏体不锈钢中的镍，可以显著降低成本，且力学性能优异，但发现其晶间腐蚀严重。组织为单相奥氏体，并且伴随大量孪晶，可以看出严重的沿奥氏体晶粒的晶间腐蚀，但孪晶界仍保持完好。

2205 双相不锈钢铸态固溶组织

作　　者：宋志刚
工作单位：钢铁研究总院结构材料研究所
研究对象：2205 双相不锈钢
拍摄设备：MEF-4M 光学显微镜
拍摄时间：2004 年 9 月

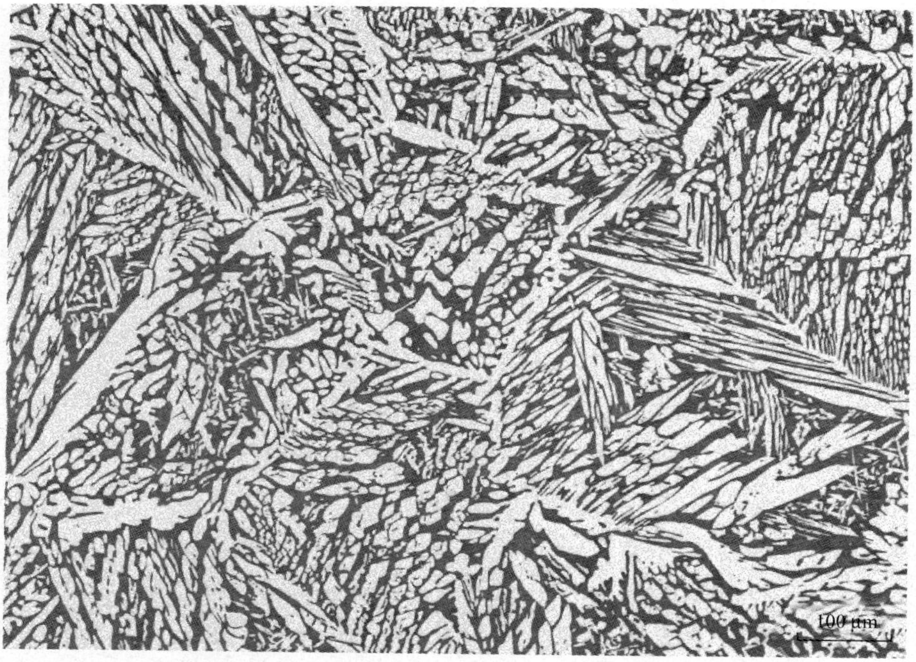

拍摄经历及技术背景：

工艺：非真空冶炼铸态，较高温度固溶

试样取自自主研制管材，管材加工采用非真空感应＋电渣重熔冶炼、热轧穿孔成形。实际管材尺寸达到ϕ295 mm×45 mm×7100 mm，在国内采用热轧穿孔生产如此大口径厚壁双相钢管材尚属首次。组织为非真空感应熔炼分析取样经 1050℃固溶后的铸态组织形态。从该照片可以观察到，经高温保温，原奥氏体组织长宽比明显变小，逐渐趋于等轴状。从高温快冷时，高温铁素体中形成的奥氏体呈现另一种形态，奥氏体可以同时在铁素体晶界和晶内形成。在晶界形成的奥氏体有呈针状析出的魏氏组织形态趋势，给性能带来不利影响。

2205 不锈钢焊缝组织形貌

作　　者：刘凤琴
工作单位：中国石油管材研究所技术监督中心
研究对象：2205 不锈钢
拍摄设备：MEF-4M 光学显微镜
拍摄时间：2004 年

拍摄经历及技术背景：
材料：2205 双相不锈钢
组织：铁素体与奥氏体
腐蚀方法：铁氰化钾+氢氧化钾，热蚀。

1Cr21Ni5Ti 双相不锈钢的固溶处理组织

作　　者：张寿禄
工作单位：太原钢铁集团公司技术中心
研究对象：1Cr21Ni5Ti 双相不锈钢
拍摄设备：LEO438VP 扫描电子显微镜、4QBSD 背散射电子探测器
拍摄时间：2006 年 4 月

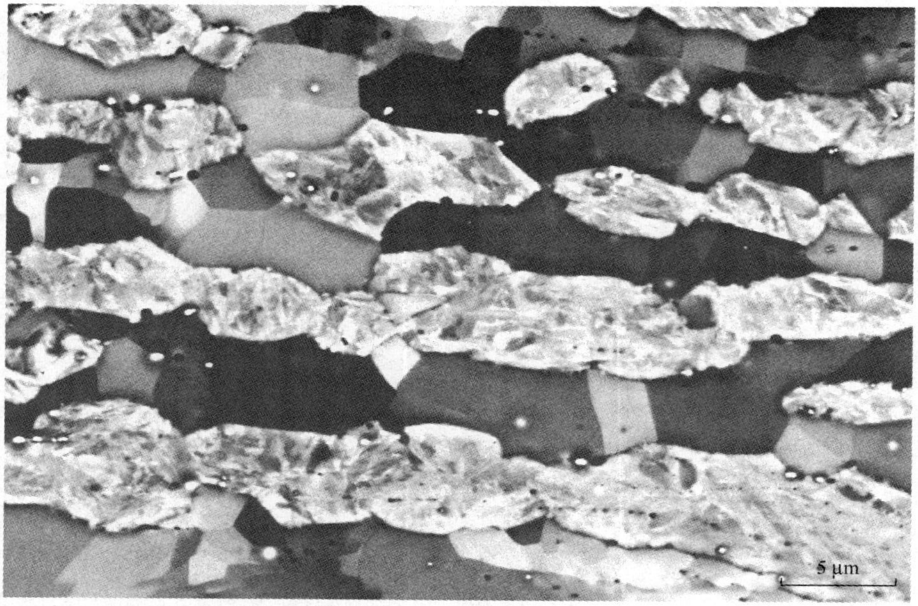

拍摄经历及技术背景：

1Cr21Ni5Ti 双相不锈钢特别适用于制造航空发动机壳体和火箭发动机燃烧室外壁，还可用来制造化学工业、食品工业等耐酸腐蚀的容器和部件。

化学成分（质量分数）：0.10%C、0.35%Si、0.62%Mn、20.9%Cr、5.10%Ni、0.38%Ti

该图像是 1Cr21Ni5Ti 双相不锈钢冷轧板经过 1020℃固溶处理后，试样经金相机械抛光后再进行电解抛光，然后采用扫描电子显微镜中背散射电子探测器在短工作距离下进行观察拍摄的。其成像原理是经电解抛光将试样表面影响晶体衍射的应力层、氧化层去除后，利用背散射电子的晶体取向衬度成像技术进行拍摄。其组织为再结晶铁素体+形变奥氏体+TiC 颗粒。由于奥氏体的再结晶温度高于铁素体的再结晶温度，因此在固溶温度不是很高的情况下出现了图中铁素体已经完全再结晶，而奥氏体依然处于形变状态的组织。这种情形在其他双相不锈钢中也存在。

1Cr21Ni5Ti 双相不锈钢铁素体相内时效析出相

作　　者：杨卓越
工作单位：钢铁研究总院结构材料研究所
研究对象：1Cr21Ni5Ti 双相不锈钢
拍摄设备：H-800 型透射电子显微镜，操作电压为 200 kV
拍摄时间：2004 年 1 月

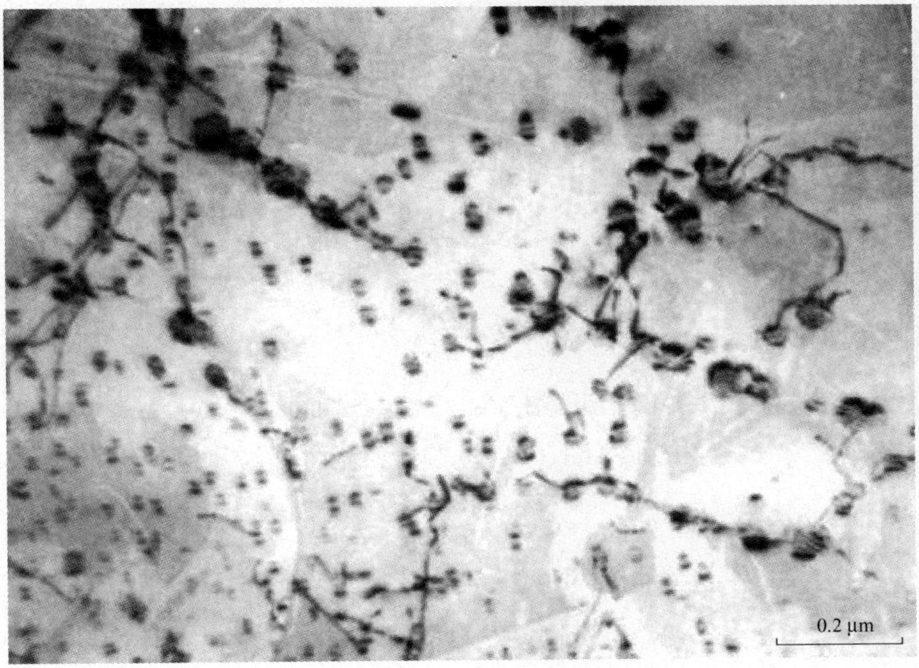

图 1　明场像（BF）

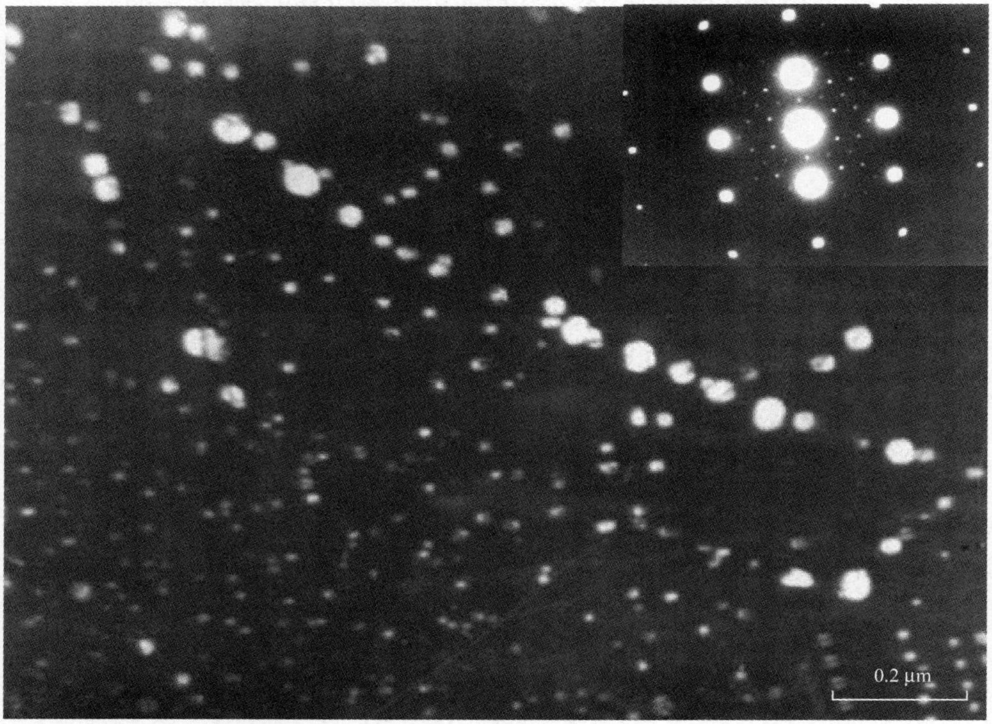

图 2　中心暗场像（CDF）和选区电子衍射谱（SAED）

拍摄经历及技术背景：

热处理参数：1050℃×30 min 水冷，　600℃×48 h 水冷

样品制备：纵向切取 0.3 mm 厚的薄膜，薄膜样品采用化学减薄至 0.05 mm 后，用电解双喷室温减薄，电解液为 5%的高氯酸-冰醋酸溶液。晶带轴：$[110]_{\alpha}$，图 1 为明场像（BF）、图 2 为选区电子衍射谱（SAED）和 $(1\bar{1}3)_{M_{23}C_6}$ 衍射得到的中心暗场像（CDF）。

马氏体时效不锈钢含有层错的板条马氏体及逆转变奥氏体

作　　者：刘振宝　杨志勇　王　昌　梁剑雄　孙永庆　李文辉
工作单位：钢铁研究总院结构材料研究所

研究对象：超高强度马氏体时效不锈钢

拍摄设备：H-800 透射电子显微镜

拍摄时间：2007 年 9 月

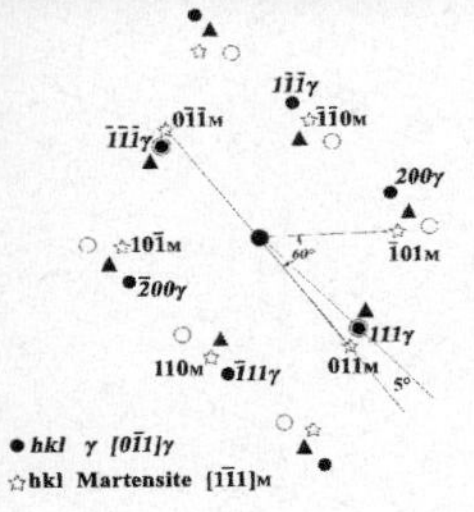

拍摄经历及技术背景：

观察 $R_m \geqslant 1900$ MPa 超高强度马氏体时效不锈钢在 540℃/2 h 时效的 TEM 组织时发现，在板条马氏体基体和逆转变奥氏体中含有大量的堆垛层错。在体心结构的马氏体中层错的错排次序常出现在密排面 $\{110\}_\alpha$ 或 $\{112\}_\alpha$ 上，全位错矢量 $\frac{a}{2}<111>$ 依情况不同可分解成 $\frac{a}{6}<111>$ 型或 $\frac{a}{3}<111>$ 型不全位错。而 $\frac{a}{6}[1\bar{1}1]$ 型层错通过切变可使体心立方密排面成为六角结构的密排面，而六角结构的密排面可以看作是含有层错的奥氏体，从而得到体心立方马氏体向面心立方的奥氏体逆转变的切变机制。对单晶选区衍射谱分析可知，在一个直径仅有 1 μm 的单晶选区内，同时出现四种取向的逆转变奥氏体，必然导致基体晶粒细化，这是在马氏体时效不锈钢时效过程中产生逆转变奥氏体能提高韧性而又保持高强度的一个原因。图中仅对一套符合 K-S 关系的衍射斑点进行了标定，经旋转 10° 后可得到另外的两套符合 K-S 位向关系的指数化结果。

低温固溶处理时钢中的χ相

作　　者：刘振宝　杨卓越　杨志勇　梁剑雄
工作单位：钢铁研究总院结构材料研究所
研究对象：马氏体时效不锈钢
拍摄设备：H-800 透射电子显微镜（TEM）
拍摄时间：2005 年 4 月

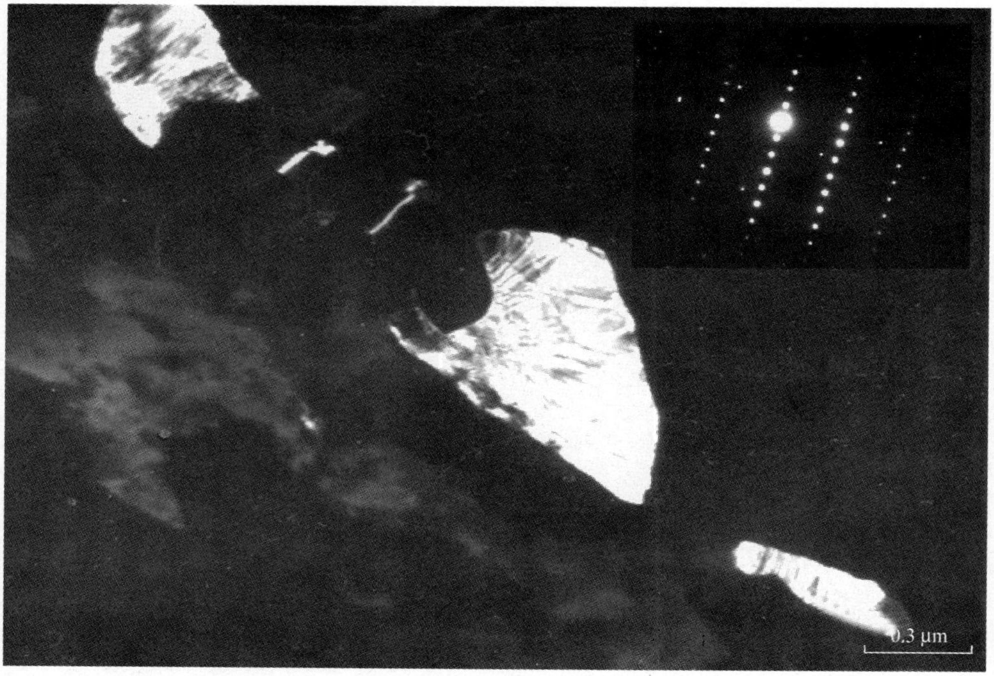

拍摄经历及技术背景：

在研究固溶处理对研发的 1900 MPa 级 CrNiCoMo 马氏体时效不锈钢微观组织及力学性能的影响时，采用 H-800 型透射电子显微镜观察发现，在经 880℃×60 min 固溶处理后钢中存在着具有体心立方结构χ相（金属间相），其 a_0=0.890 nm。χ相存在降低了钢的韧塑性。

马氏体时效不锈钢中的堆垛层错

作　　者：刘振宝　杨卓越　杨志勇　梁剑雄
工作单位：钢铁研究总院结构材料研究所
研究对象：新型马氏体时效不锈钢
拍摄设备：H-800 透射电子显微镜（TEM）
拍摄时间：2005 年 4 月

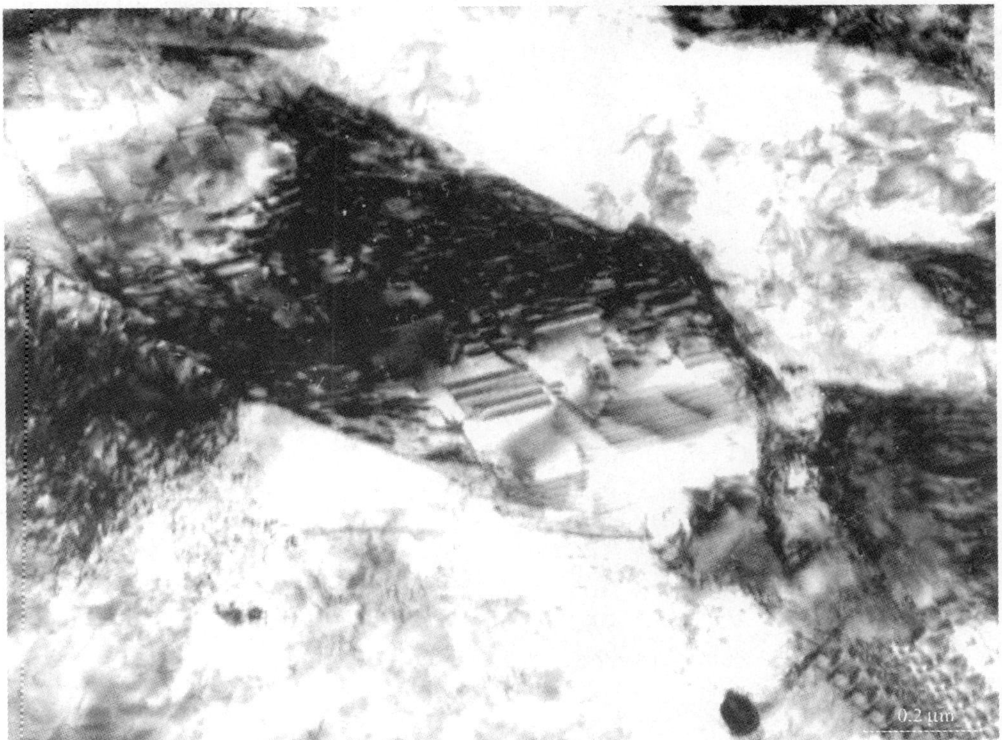

拍摄经历及技术背景：

在研究固溶处理对研发的强度为 1900 MPa 级 CrNiCoMo 马氏体时效不锈钢微观组织及力学性能的影响时，采用 H-800 型透射电子显微镜下观察到经 1050℃×60 min 固溶处理后钢中的堆垛层错，大量的层错存在说明钢具有良好的韧塑性。

马氏体板条界上逆转变奥氏体中堆垛层错交叉滑移

作　　者：刘振宝　杨志勇　王　昌　梁剑雄　孙永庆　寇宏宁
工作单位：钢铁研究总院结构材料研究所
研究对象：马氏体时效不锈钢
拍摄设备：H-800 透射电子显微镜
拍摄时间：2007 年 3 月

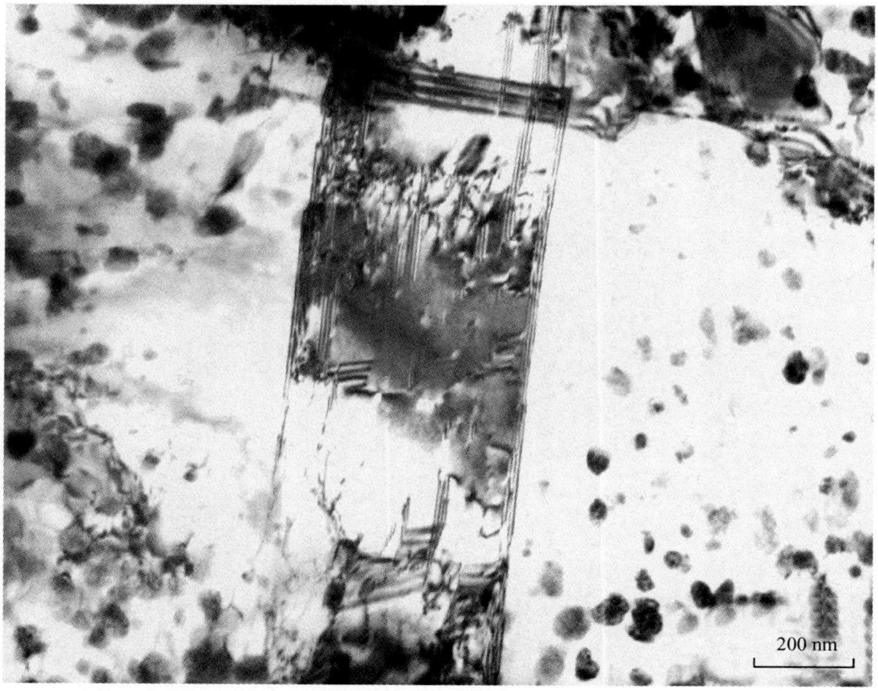

拍摄经历及技术背景：

观察 R_m≥1900 MPa 超高强度马氏体时效不锈钢在 650℃时效的微观组织时发现，在板条马氏体的板条界间逆转变奥氏体（Ar）中堆垛层错交互滑移（或攀移）的形貌，奥氏体与马氏体板条符合 K-S 位向关系。由于钢中合金元素含量高，M_s 点温度较低，淬火马氏体相变时，马氏体束、马氏体板条相互撞击形成很高的内应力，甚至折断和相互切截。高应力区、切截和断裂处在回火时成为奥氏体优先形成的场地，在奥氏体中较大的层错区存在并交互作用使得内应力降低。另有合金元素的原子（如镍）容易偏聚在层错区，减小表面能，使层错区宽度 d 增大，难以交滑移，从而又提高了强度，这也是该钢的强化机理之一。

马氏体时效不锈钢的χ相与σ相

作　　者：刘振宝　杨志勇　王　昌　梁剑雄　孙永庆　李文辉
工作单位：钢铁研究总院结构材料研究所
研究对象：超高强度马氏体时效不锈钢
拍摄设备：H-800透射电子显微镜
拍摄时间：2007年11月

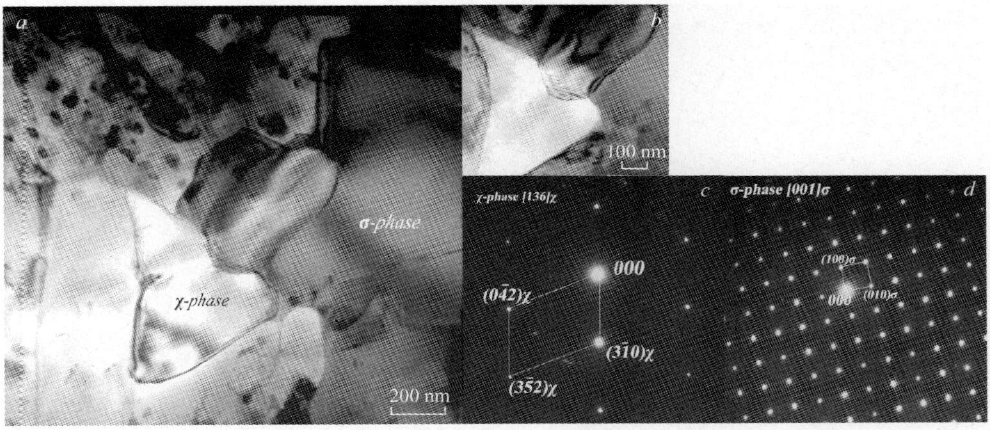

拍摄经历及技术背景：

观察R_m≥1900 MPa超高强度马氏体时效不锈钢的540℃/1000 h时效组织时发现，粗大的Laves相聚集长大演变成为体心立方结构的χ相和正交结构的σ相。图*a*中的χ相为三角形，而χ相与包裹在其周围的σ相有明显的相界面。但两相以一个共用的椭圆形区域（过渡相）相连，椭圆形区域以精细的位错墙组织（或小角度亚晶界）与χ相相连（图*b*），而与σ相相连的部分有明显的相界面。文献证实，不锈钢在时效过程中析出的χ相属于亚稳相，长大过程中会伴随着σ相析出，可见图中椭圆形区域为两者的过渡组织（相）。而位错墙正是χ相向σ相转变时输送能量的必要通道，最终χ相被σ相吞噬，形成单一的σ相。该图不但确定了Laves相的粗化产物为χ相和σ相（图*c*、图*d*），而且为χ相向σ相转变的研究提供了证据。

Laves 相的二维高分辨像

作　　者：刘振宝　杨志勇　王　昌　梁剑雄　孙永庆　李文辉
工作单位：钢铁研究总院结构材料研究所
研究对象：超高强度马氏体时效不锈钢
拍摄设备：H-800 透射电子显微镜
拍摄时间：2007 年 10 月

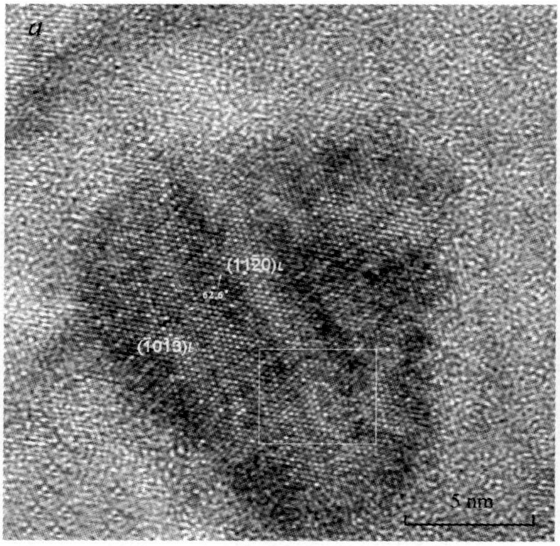

拍摄经历及技术背景：

采用 FEI Tecnai G^2 F20 高分辨电子显微镜观察了 R_m≥1900 MPa 超高强度马氏体时效不锈钢 540℃/4 h 时效组织中的强化相——Laves 相，图 *a* 是由 Laves 相的 [$\bar{3}$31]$_L$ 晶带轴得到的一个 Laves 相颗粒的 HRTEM 像，经测量后分析确定了图中的平行晶面的晶面指数，(11$\bar{2}$0)$_L$ 与 ($\bar{1}$01$\bar{3}$)$_L$ 间夹角为 62.6°，图 *b* 为图 *a* 中方框的 IFFT 像，图 *b* 显示了 [$\bar{3}$31]$_L$ 带轴的密排六方结构的 Laves 相的原子二维堆垛的方式。马氏体时效不锈钢经过峰时效处理后，在马氏体基体的位错线上析出细小、弥散、纳米级的 Laves 相，是强度达到峰值的主要原因。由于该钢具有磁性，而高分辨电子显微镜的电子束对试样的磁性强弱很敏感，在拍摄过程中图像经常会发生偏移，因此，给拍摄 Laves 相其他晶带轴的高分辨像带来了很大难度，该实验采用 200 kV 工作电压进行拍摄。

T/P122 钢中的 BN 夹杂物及碎化现象

作　　者：包汉生　程世长　刘正东
工作单位：钢铁研究总院结构材料研究所
研究对象：T/P122（11%Cr-2%W-Mo-V-Nb-Cu-B-N）钢
拍摄设备：S-4300 扫描电子显微镜
拍摄时间：2005 年 10 月

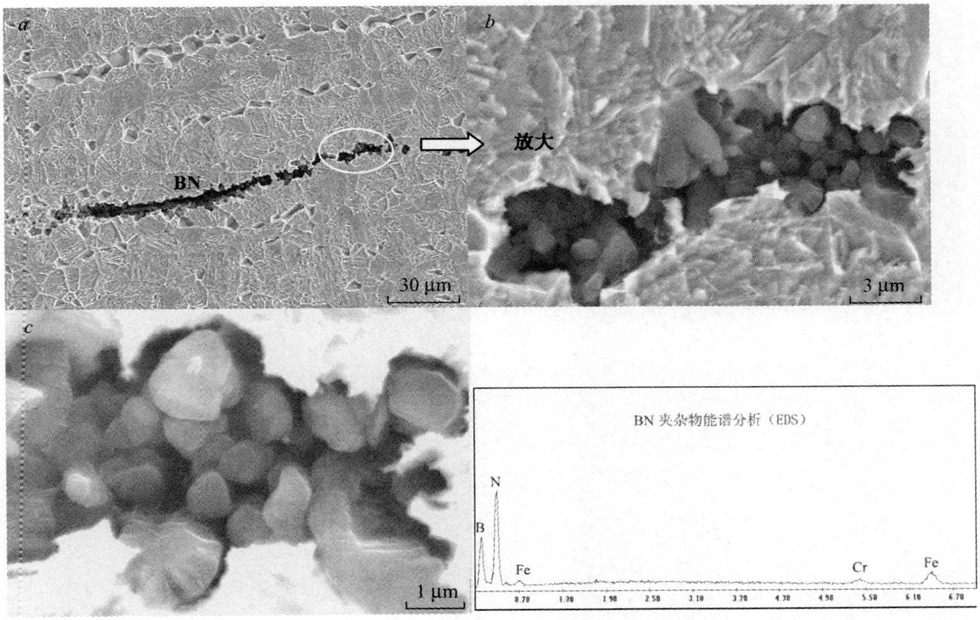

拍摄经历及技术背景：

T/P122（11%Cr-2%W-Mo-V-Nb-Cu-B-N）钢可用于超超临界火力发电锅炉过热器、再热器以及厚壁大口径管，要求使用寿命 30 年以上。本照片采用 S-4300 扫描电子显微镜拍摄，显示了 T/P122 钢中大尺寸 BN 夹杂物，尺寸达到 100 μm（图 *a*）。BN 夹杂物已经碎化，碎化后呈鹅卵石状（图 *b*、图 *c*）。

大尺寸 BN 夹杂物的出现会降低钢的强度和塑性。BN 的碎化表明在 BN 中已经存在微裂纹，会导致钢的持久性能降低和早期断裂失效。BN 夹杂物已经引起国际上普遍关注，而大颗粒 BN 夹杂物的碎化现象未见报道。

HR3C 奥氏体耐热钢中条状 $M_{23}C_6$ 相

作　　者：包汉生　郭富强　程世长　富晓阳　刘正东
工作单位：钢铁研究总院结构材料研究所
研究对象：HR3C(25%Cr-20%Ni-Nb-N)钢
拍摄设备：S-4300 扫描电子显微镜
拍摄时间：2006 年 12 月

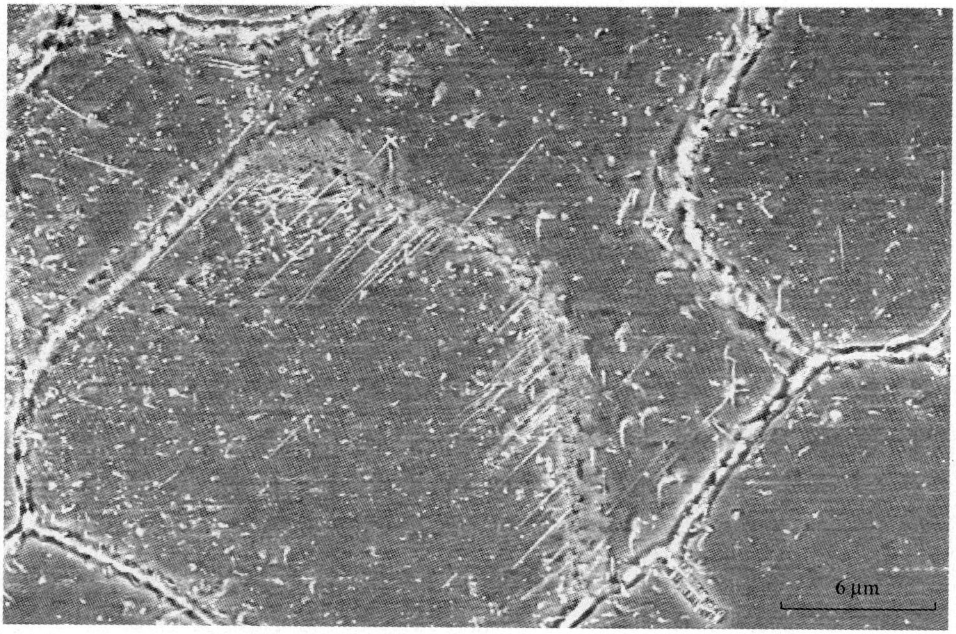

拍摄经历及技术背景：

HR3C（25%Cr-20%Ni-Nb-N）钢是超超临界火电机组高温高压锅炉钢管用钢。试样经 1200℃标准固溶热处理，650℃、4 h 时效（使用温度 650～700℃）。HNO_3+HCl+$CuCl_2$ 溶液腐蚀，S-4300 日立冷场发射扫描电子显微镜观察。照片中央晶界处有长条状 $M_{23}C_6$ 碳化物析出，尺寸在 4 μm 左右，与右侧的 $M_{23}C_6$ 碳化物形态有显著差别。中央晶界的疏松析出与右侧正常晶界析出有明显差别，这将会降低钢的高温持久强度和抗腐蚀性能。长条状 $M_{23}C_6$ 碳化物和晶界的疏松析出在国内外文献中未见报道。

00Cr22Ni5Mo3N 钢高温形变奥氏体位错墙形貌

作　　者：毛伟强　宋志刚　杨卓越　王焕玲
工作单位：钢铁研究总院结构材料研究所
研究对象：00Cr22Ni5Mo3N 双相不锈钢
拍摄设备：H-800 透射电子显微镜
拍摄时间：2007 年 1 月

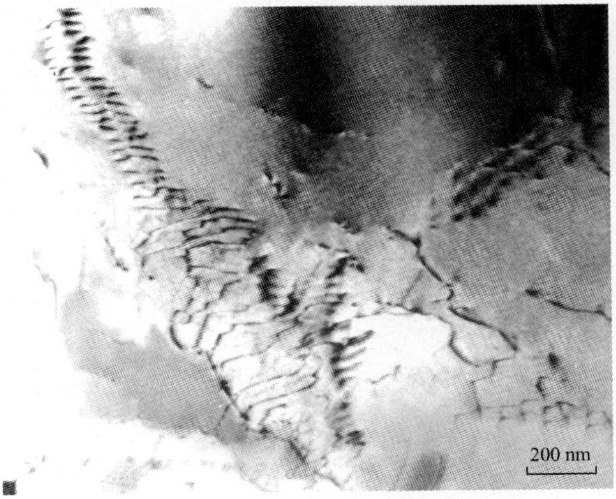

图 1　BF

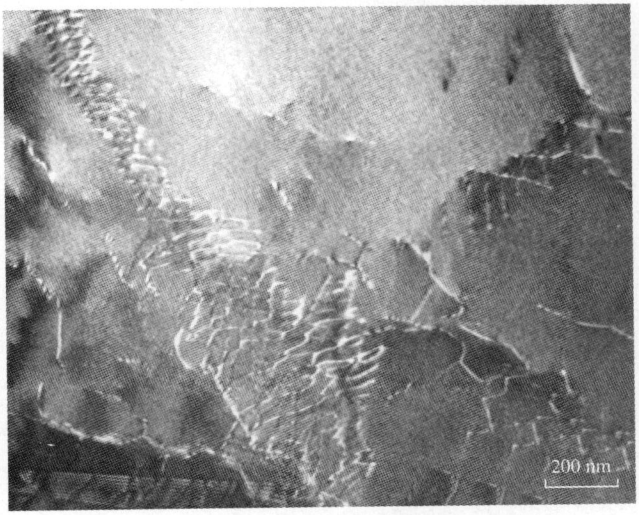

图 2　DF

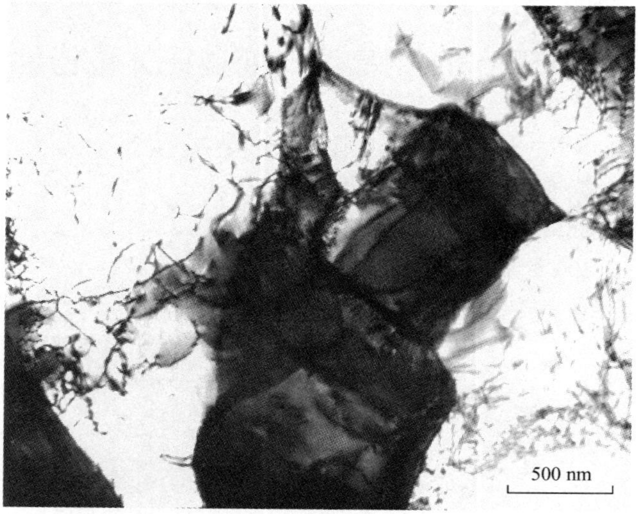

图 3　奥氏体亚晶

拍摄经历及技术背景：

00Cr22Ni5Mo3N 双相不锈钢经锻造后，通过 10℃/s 的速率加热到 1200℃，保温 30 s，以 10/s 的应变速率进行平面应变压缩试验。

经过透射电子显微镜观察发现，部分奥氏体可以通过位错的移动、聚集、层错的形成及亚晶的形成进行软化，如图 1、图 2 为位错发生聚集成为位错墙的明场、暗场形貌，图 3 则给出了在该温度下形变过程中形成的奥氏体亚晶形貌。

0Cr25Ni20Si2 耐热不锈钢退火组织

作　　者：张寿禄
工作单位：太原钢铁集团公司技术中心
研究对象：0Cr25Ni20Si2 耐热不锈钢
拍摄设备：LEO438VP 扫描电子显微镜、4QBSD 背散射电子探测器
拍摄时间：2005 年 3 月

拍摄经历及技术背景：

0Cr25Ni20Si2 耐热不锈钢固溶退火后应是奥氏体组织，但是有时会存在少量的细长铁素体相，直接影响钢材的伸长率和冲击值，严重者造成轧制开裂。本照片是一幅存在极其细长铁素体相的 0Cr25Ni20Si2 不锈钢退火组织，从中可见铁素体相对奥氏体晶粒尺寸的影响。较近的铁素体线之间的奥氏体晶粒十分小，铁素体线严重阻隔了奥氏体晶粒的长大，造成奥氏体晶粒尺寸大小极不均匀，直接影响其力学性能。

试样经金相抛光后再进行电解抛光，然后采用扫描电子显微镜中背散射电子探测器在短工作距离下进行观察拍摄到该照片。其成像原理也是利用了背散射电子的晶体取向衬度成像技术。

如果采用金相侵蚀的方法制样，照片中细长铁素体相及其之间的小晶粒奥氏体都将被腐蚀成沟，组织细节是无法观察清楚的。

0Cr13Al/16MnR 复合板复合界面微观组织

作　　者：张寿禄
工作单位：太原钢铁集团公司技术中心
研究对象：0Cr13Al/16MnR 不锈钢复合板
拍摄设备：LEO438VP 扫描电子显微镜、4QBSD 背散射电子探测器
拍摄时间：2004 年 5 月

拍摄经历及技术背景：

铁素体不锈钢 0Cr13Al 与 16MnR 经爆炸复合、退火热处理后，经电解抛光后在扫描电子显微镜下，利用背散射电子探测器，在短工作距离下观察到的结合区的微观组织。

从图中可以清楚地观察到结合界面区在爆炸过程中高温高压下形成的约 30 μm 宽的亚微米晶粒带，这种结合带保证了复合界面的高强度。照片中还可以清楚地观察到在不锈钢一侧（照片下部）由于碳的扩散形成的细小碳化物。

采用“电解抛光制样技术与扫描电子显微镜背散射电子晶体取向衬度成像技术相结合”的扫描电子显微镜实验技术，在观察钢铁微观精细组织方面有很多优点。与金相浸湿方法相比，它避免了金相腐蚀的选择性和破坏性。

加氢反应器内壁堆焊层附近组织

作　　者：马成勇　邓宝柱
工作单位：钢铁研究总院结构材料研究所
研究对象：加氢反应器内壁堆焊层
拍摄设备：Leica 光学显微镜
拍摄时间：2008 年 3 月

拍摄经历及技术背景：

加氢反应器是石化企业的关键设备之一，随着运行时间的增加，一些影响反应器使用安全的问题已经有所暴露，尤其是其内壁堆焊层附近组织容易出现脆化、开裂等问题。研究该问题对开发大型压水堆核反应堆压力容器内壁堆焊技术具有指导意义。试样取自已经运行 21 年的热壁加氢反应器内壁堆焊层。由于采用异种金属焊接技术，不锈钢堆焊层与 2.25Cr1Mo 母材对腐蚀剂会产生选择性腐蚀。而且由于经历焊接热循环，焊接热影响区和熔合区本身也是一种梯度组织，故金相腐蚀和分析都比较困难。该光学金相照片是采用分步腐蚀，即先采用 10%的铬酸电解，然后采用 4% 的硝酸酒精擦拭获得的。具体组织组成：1 区—不锈钢堆焊层柱状γ 组织。2 区—熔合线附近组织，可以观察到明显的联生结晶。由于采用先进的带极电渣堆焊技术，母材稀释率很低，过渡区很窄。3 区—2.25Cr1Mo 母材回火马氏体组织。

4Cr14Ni14W2Mo 奥氏体钢的基体及堆焊层

作　　者：梁永存　程世长
工作单位：钢铁研究总院结构材料研究所
研究对象：4Cr14Ni14W2Mo 奥氏体钢
拍摄设备：Leica 光学显微镜
拍摄时间：2004 年

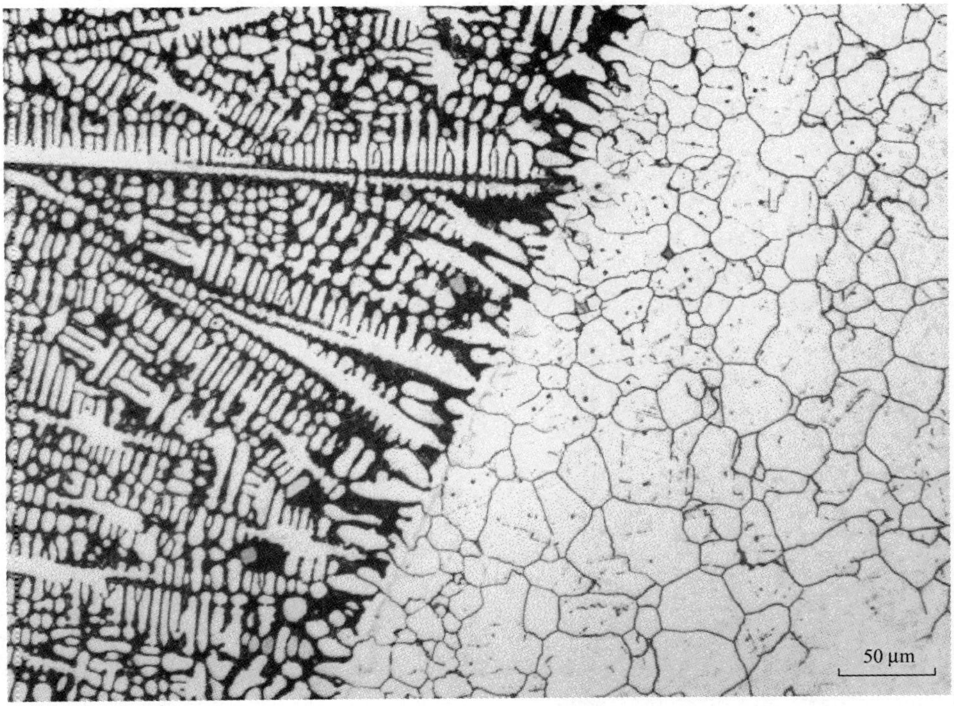

拍摄经历及技术背景：

试样材料为 97-12P 气阀钢，由堆焊层和基体组成。基体材料是 4Cr14Ni14W2Mo 奥氏体钢，堆焊层是 Stellite6 钴基合金（1.2%C-30%Cr-14%W-Co）,由于两种材料抗腐蚀性能差异很大，同时腐蚀清晰难度大。本照片的特点是堆焊层、基体及过渡都很清晰。

A335P9 铁素体耐热钢渗碳层组织

作　　者：盖秀颖
工作单位：中国科学院金属研究所
研究对象：A335P9 铁素体耐热无缝钢管
拍摄设备：Leica MEF3 显微镜
拍摄时间：1996 年 1 月

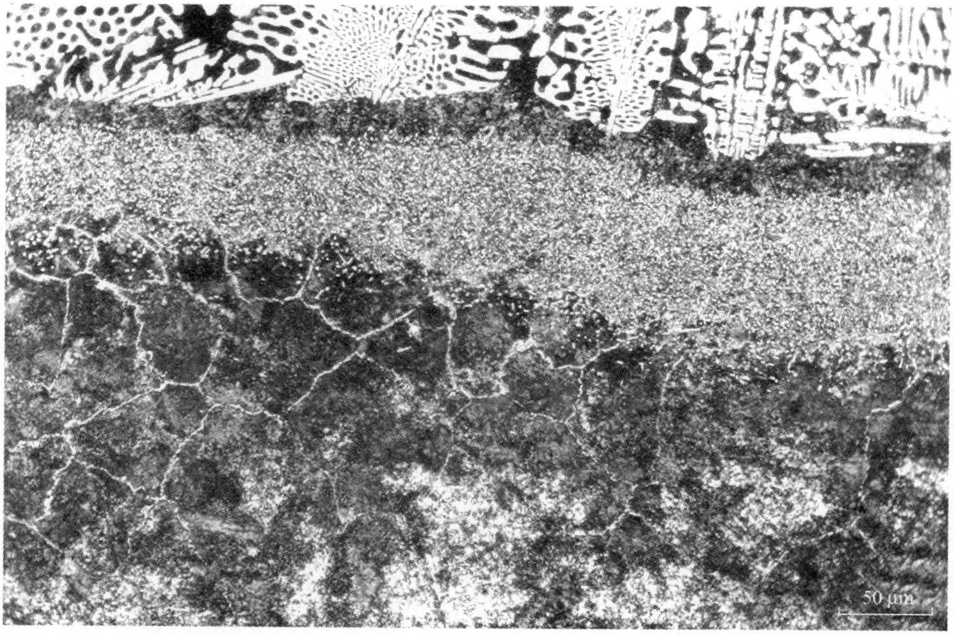

拍摄经历及技术背景：

该图像试样取自中石化某厂的脱氢炉炉管，炉管材料为 A335P9 铁素体耐热无缝钢管。炉管从投入使用至在下方的聚合箱内发现熔融堆积物时，累计运行 25000 h。炉管内的介质为烷烃与氢气按 1:6 混合的混合气体，炉管在使用过程中有超温现象。但在还原气氛中不添加任何催化剂，使烷烃分解，导致炉管内壁渗碳形成高铬铸铁的现象，以前未见有关文献报道。经分析确认，渗碳后炉管内壁的金相组织共分为四层，分别为：第一层为高铬铸铁组织，硬度为 716$HV_{0.1}$;第二层由颗粒碳化物构成的高碳区；第三层为网状碳化物和隐针马氏体组织；第四层的金相组织为淬火马氏体。

3.3 工具钢

H13 钢的退火组织

作　　者：郭红英
工作单位：西宁特钢股份有限公司技术质量中心
研究对象：H13 模具钢
拍摄设备：Olympus PME3
拍摄时间：2007 年 3 月

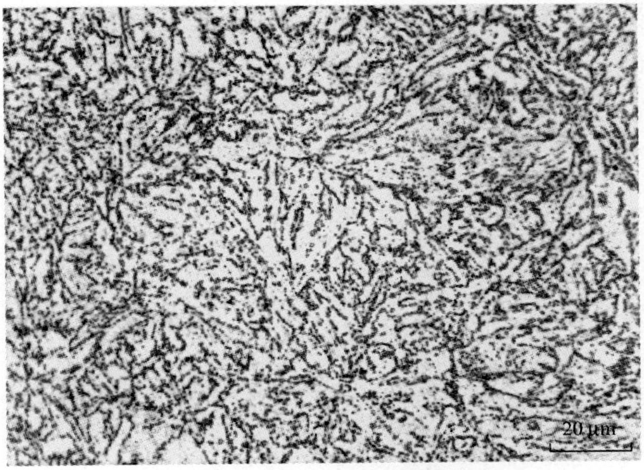

图 1　成分均匀的粒状珠光体组织

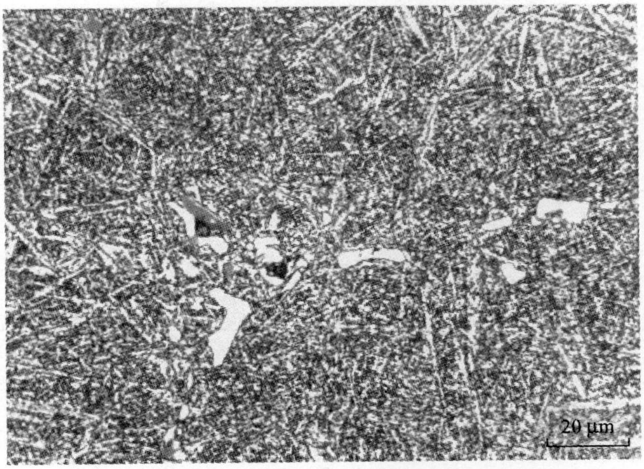

图 2　成分不均匀的粒状珠光体组织和一次渗碳体

拍摄经历及技术背景：

样品状态：850℃保温 4～6 h，550℃出炉；腐蚀剂为 5%硝酸酒精侵蚀。

试样组织：成分均匀的粒状珠光体组织、成分不均匀的粒状珠光体组织和一次渗碳体。

H13 钢的回火组织

作　者：陈　鹰　胡　锐
工作单位：钢铁研究总院结构材料研究所
研究对象：H13 钢
拍摄设备：Leica MEF4M 光学显微镜
拍摄时间：2003 年 9 月

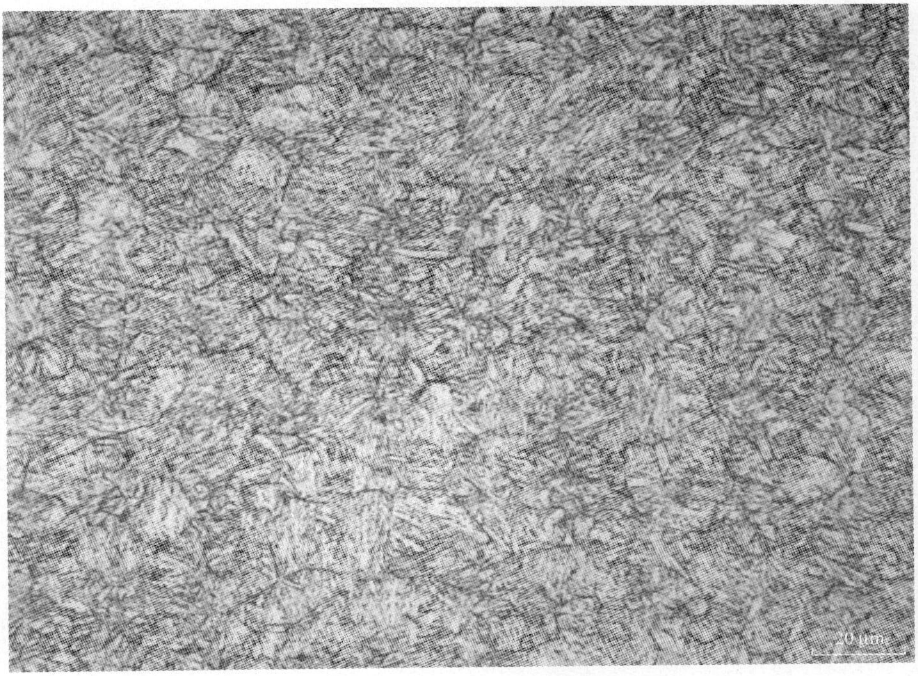

拍摄经历及技术背景：

H13 钢试样经 1040℃淬火、−196℃液氮深冷后，再进行 500℃回火二次，每次 2 h 热处理，可观察到钢中存在板条马氏体及贝氏体组织。

Cr8WMo2V2SiNb 钢淬火组织

作　　者：迟宏宵
工作单位：钢铁研究总院结构材料研究所
研究对象：Cr8WMo2V2SiNb 钢
拍摄设备：S-4300 扫描电镜
拍摄时间：2008 年 6 月

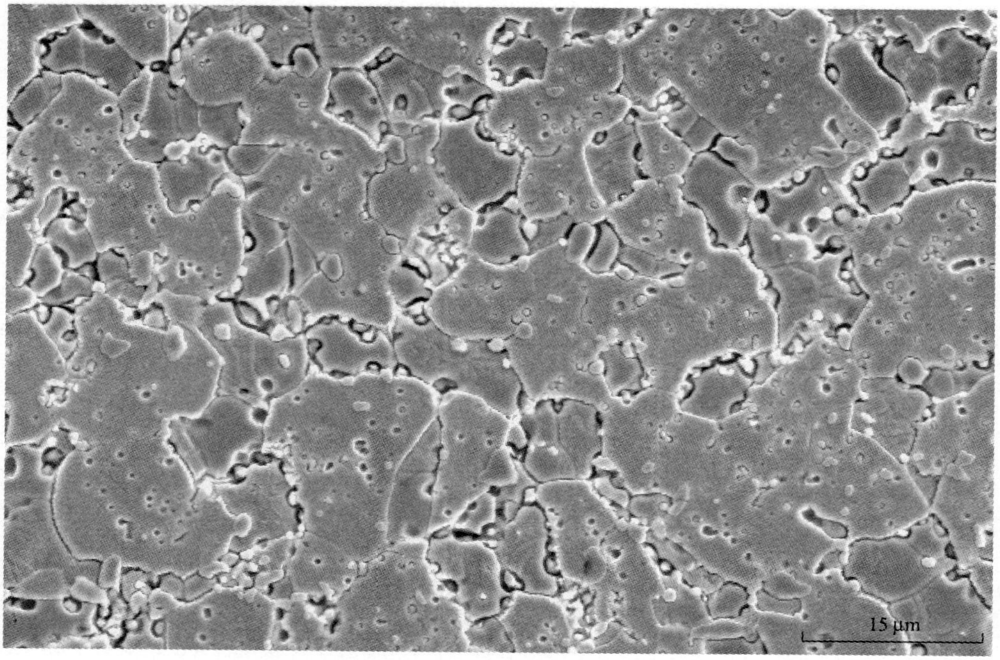

拍摄经历及技术背景：

Cr8WMo2V2SiNb 钢是一种高强度高韧性冷作模具钢，试样成分（质量分数）：0.97%C、1.12%Si、<0.1%Mn、8.15%Cr、1.82% Mo、2.27V%、1.0%W、0.62%Nb、1.2%Al。试验钢经 1080℃淬火后碳化物在马氏体晶界偏析。淬火组织主要为马氏体上分布着碳化物。

9CrV 钢的低温二次硬化

作　　者：陈明昕　雍岐龙　李继康　李玲霞
工作单位：钢铁研究总院结构材料研究所
研究对象：9CrV 钢
拍摄设备：S-4300 扫描电子显微镜
拍摄时间：2007 年 2 月

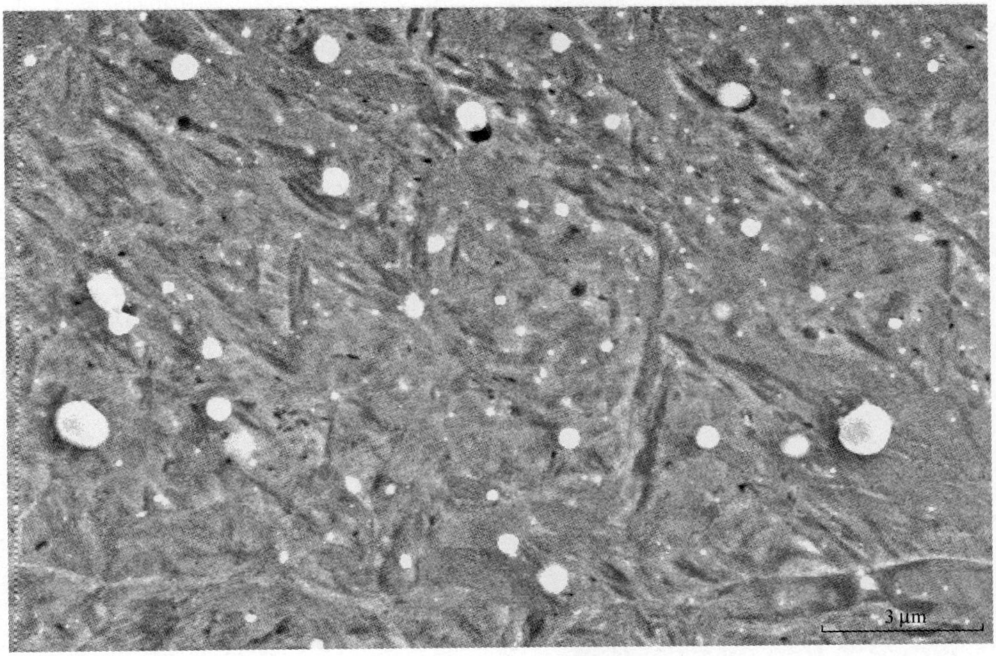

拍摄经历及技术背景：

试验钢钢种为 9CrV，经淬火+低温回火热处理后可观察到如下组织：高碳马氏体基体+渗碳体（其中尺寸在微米级的为淬火加热时未溶的渗碳体，可阻止奥氏体晶粒长大，使其奥氏体晶粒保持在 10 级晶粒度左右；而大量细小的尺寸在 20～50 nm 的渗碳体为低温回火时析出的，可产生强烈的低温二次硬化效果，使钢的硬度达到 HRC68～72。

M2 轧材退火不良组织

作　　者：王　红　郎英翠
工作单位：河冶科技股份有限公司质管部
研究对象：M2 轧材
拍摄设备：Olympus 光学显微镜
拍摄时间：2006 年 10 月

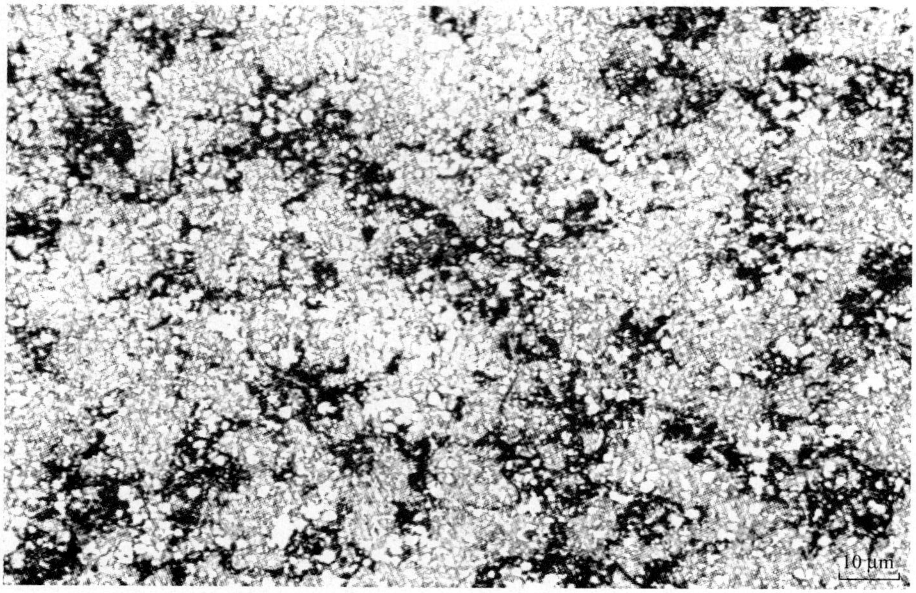

拍摄经历及技术背景：

日常检验中发现 M2 轧材退火硬度高达 352HB，经组织分析发现其组织为屈氏体、索氏体与碳化物的混合组织。经显微硬度测定，黑色区域硬度为 423HV、446HV，经再次退火后为正常组织索氏体+碳化物。

试样成分（质量分数）：0.88%C、0.35%Si、0.33%Mn、0.015%P、0.0095%S、6.18%W、5.07%Mo、4.30%Cr、2.01%V。

M42 钢组织

作　　者: 海　超　左海霞　吴亚伟
工作单位: 本溪钢铁公司技术中心
研究对象: M42 钢
拍摄设备: JSM5600Lv
拍摄时间: 2007 年 1 月

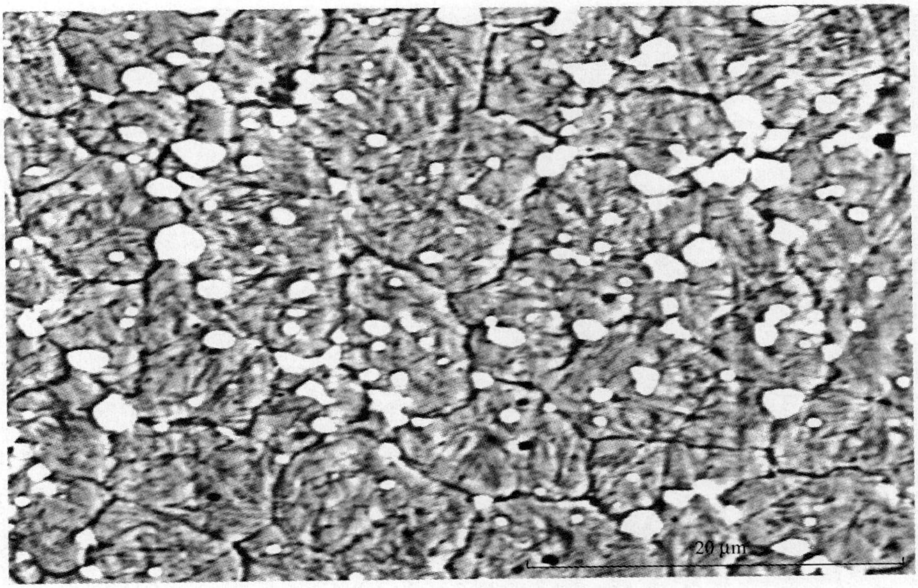

拍摄经历及技术背景:

试样取自某厂生产的原料，带锯齿尖材料为 M42 钢。生产的带锯在切割试样不足 10 圈即断裂。图示为试样经淬火后，再进行三次回火，保温 2 h 处理所得到的组织——回火索氏体和碳化物。

M42 钢渗碳组织

作　　者：王　红　郎英翠
工作单位：河冶科技股份有限公司
研究对象：M42 钢
拍摄设备：扫描电子显微镜
拍摄时间：2006 年 5 月 22 日

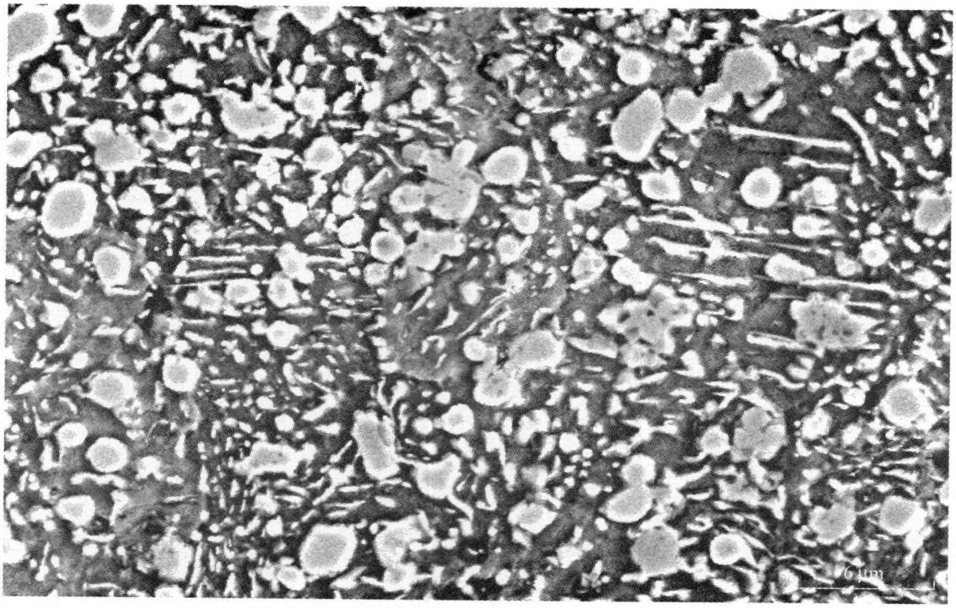

拍摄经历及技术背景：

M42 钢材渗碳层组织中存在大量棒状碳化物，且具有方向性。

试样化学成分（质量分数）为：1.10%C、0.40%Si、0.35%Mn、0.012%P、0.009%S、1.50%W、9.43%Mo、4.00%Cr、1.25%V、8.18%Co。

5Cr 锻钢冷轧工作辊的合金碳化物

作 者：王晓峰
工作单位：鞍山钢铁股份有限公司
研究对象：5 Cr 锻钢
拍摄设备：Quanta400HV 扫描电镜
拍摄时间：2008 年 6 月

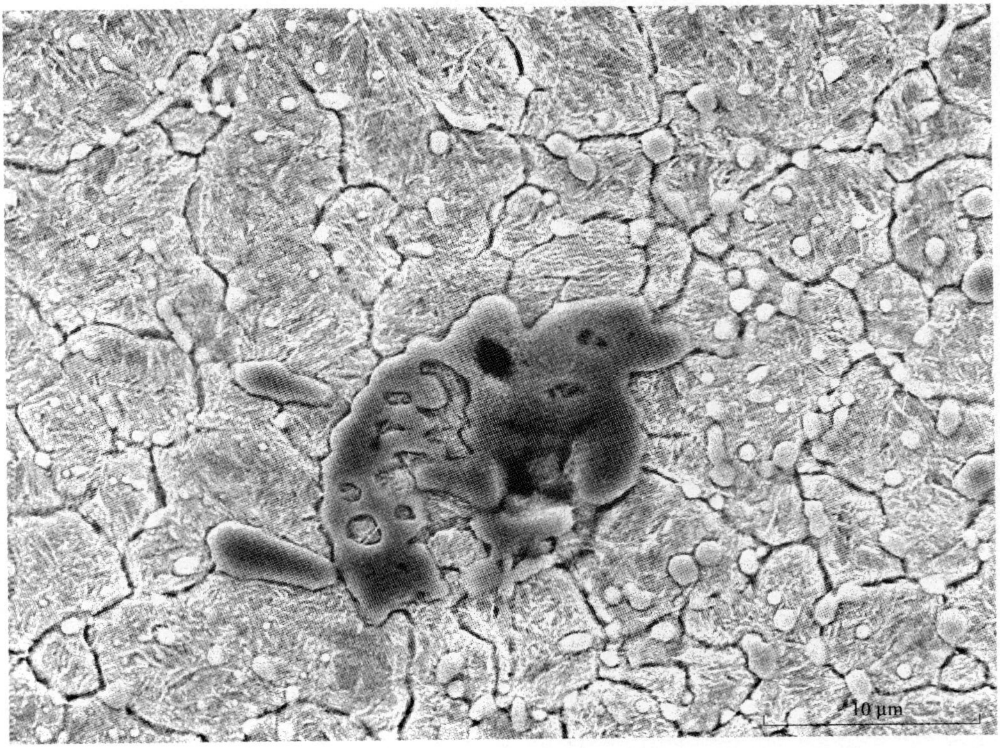

拍摄经历及技术背景：

在高压 25kV，束斑 3.5，工作距离 10 mm 的条件下拍摄，可观察到的合金碳化物。5 Cr 锻钢冷轧工作辊工作层中试样主要成分（质量分数）为：13.26%C、4.86%O、1.12%S、33.55%Cr、2.96%V。

10Ni3MnCuAl 钢固溶处理后的组织

作　　者：夏　晶　冯素玲　霍晓阳
工作单位：东北特钢集团技术中心
研究对象：10Ni3MnCuAl 模具钢
拍摄设备：Leica DMRME
拍摄时间：2005 年 8 月

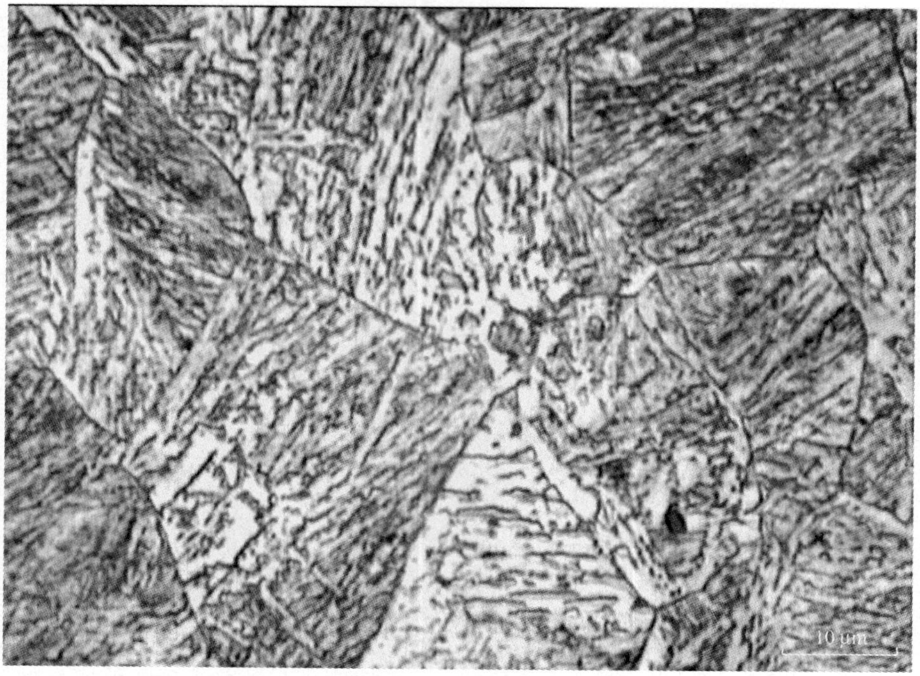

拍摄经历及技术背景：

低碳析出硬化型 10Ni3MnCuAl 模具钢，我公司生产的 10Ni3MnCuAl 以预硬化状态交货。这幅图片是研究预硬化生产工艺的照片之一。

轧后进行 870℃、2 h 固溶处理。组织为粒状贝氏体+板条马氏体。洛氏硬度为 34HRC。

10Ni3MnCuAl 钢预硬化后的组织

作　　者：夏　晶　冯素玲　霍晓阳
工作单位：东北特钢集团技术中心
研究对象：10Ni3MnCuAl 钢
拍摄设备：Leica DMRME
拍摄时间：2005 年 8 月

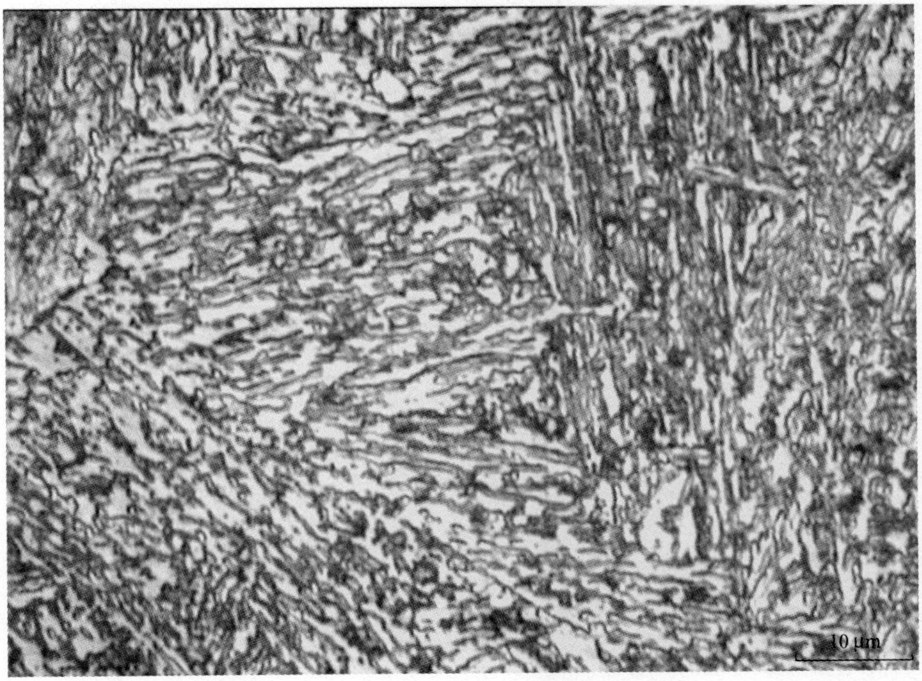

拍摄经历及技术背景：

10Ni3MnCuAl 为低碳析出硬化型模具钢的预硬化状态。轧态下经过 680℃高温回火（软化处理）后，进行 540℃时效处理，其显微组织为粒状贝氏体（回火后的）与回火索氏体。试验钢硬度为 40HRC。

高铬铸铁碳化物、马氏体和莱氏体

作　　者：徐道元　杨丽珠
工作单位：马鞍山钢铁股份有限公司技术中心

研究对象：高铬铸球

拍摄设备：Axiovert-200MAT 显微镜

拍摄时间：2004 年 12 月

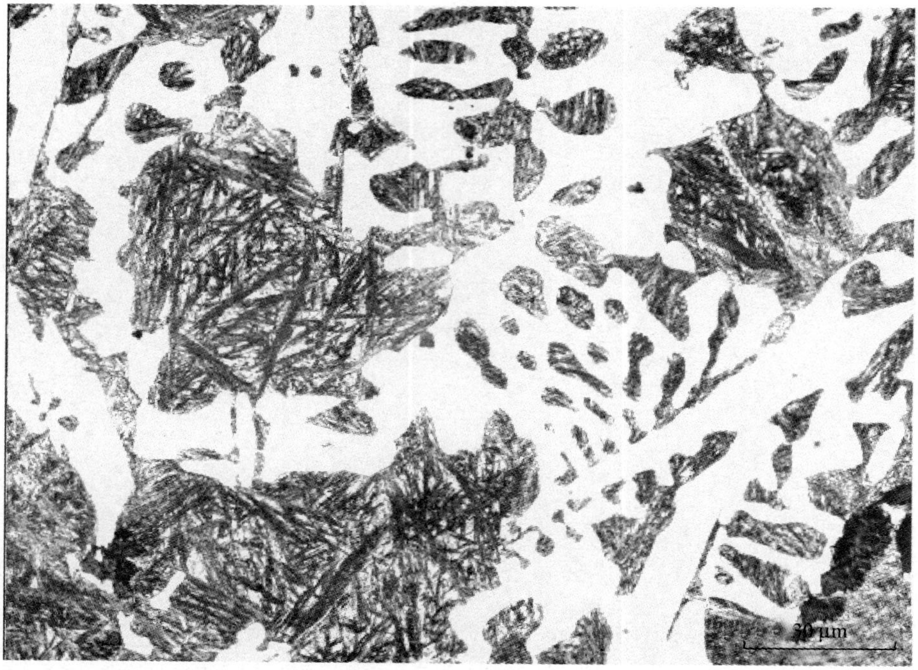

拍摄经历及技术背景：

在 Axiovert-200MAT 显微镜上通过数码相机拍摄。

试样牌号：高铬铸球；规格：ϕ120 mm；

样品状态：（1020℃+保温 3 h）淬火；

试样组织：碳化物+马氏体+莱氏体；

腐蚀剂：氯化高铁盐酸水溶液侵蚀。

3.4 轴承钢

轴承钢中的低碳板条马氏体

作　　者：魏果能
工作单位：钢铁研究总院结构材料研究所
研究对象：SG13Cr4Mo4Ni4V 高温渗碳轴承钢
拍摄设备：光学显微镜
拍摄时间：2004 年 9 月

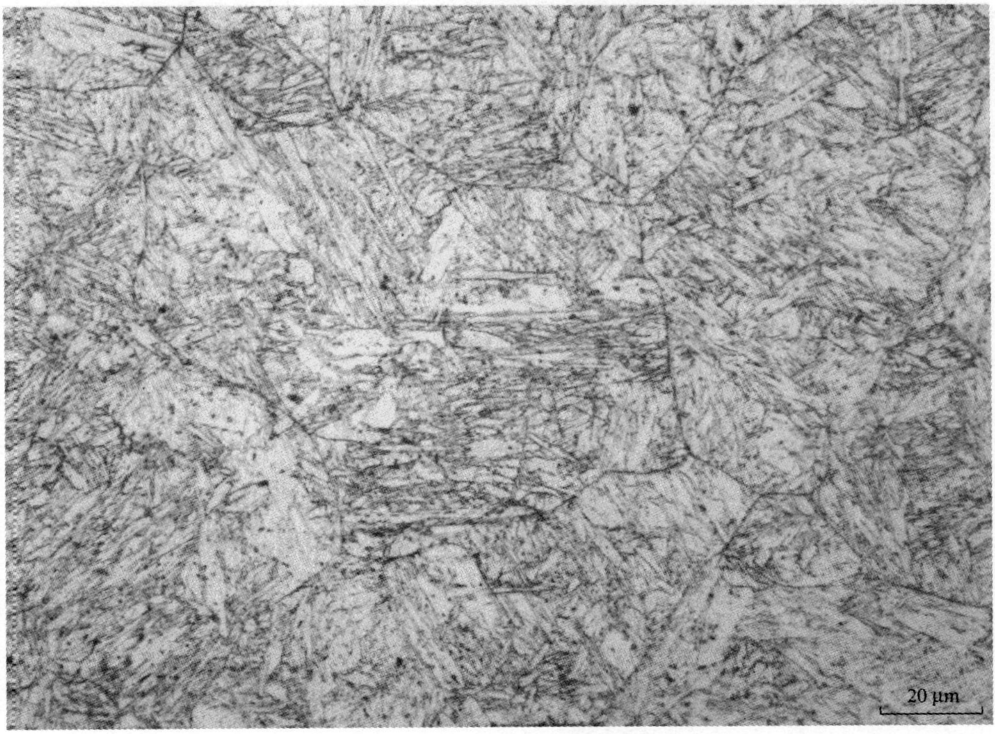

拍摄经历及技术背景：

SG13Cr4Mo4Ni4V 高温渗碳轴承钢试样经 940℃渗碳，750℃高温回火；1080℃淬火，540℃回火三次后，观察到的低碳板条马氏体组织。

GCr15 钢的液析

作　　者：狄友妮　吴英梅　毕于美
工作单位：攀长钢计量检测中心
研究对象：GCr15 钢
拍摄设备：Olympus GX-51
拍摄时间：2005 年 8 月

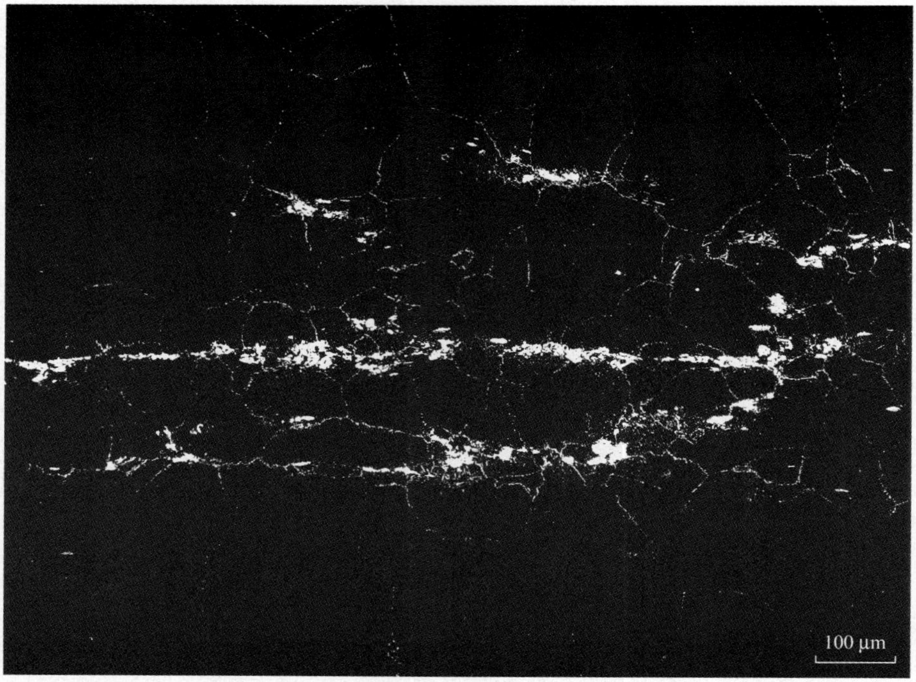

拍摄经历及技术背景：
GCr15 钢坯液析照片，分辨率 2592×1944。

轴承小圈碳化物液析组织

作　　者：张爱梅　陈海军
工作单位：新疆八钢集团公司技术中心
研究对象：GCr15 钢
拍摄设备：Olympus PMG3
拍摄时间：2005 年 10 月

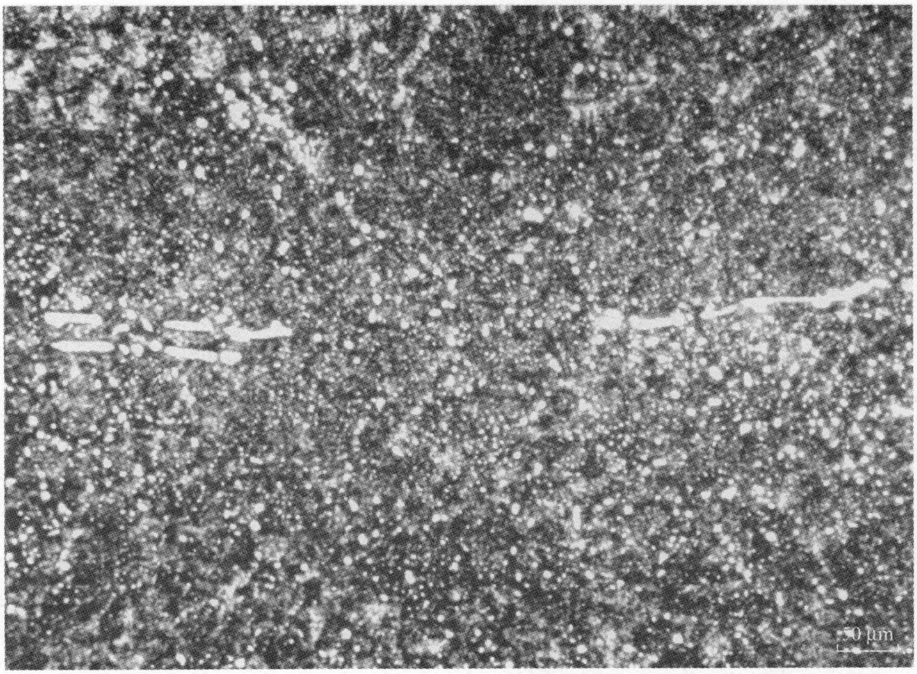

拍摄经历及技术背景：

轴承破损样，轴承小圈与滚珠接触面有磨屑并被压在内圈与轴承滚珠接触面上。对抛光后的轴承小圈用 4%硝酸酒精侵蚀后，其金相组织中存在碳化物液析。碳化物液析具有高的硬度和脆性，使轴承零件在热处理时容易引起淬火裂纹。在轴承使用过程中，由于碳化物液析剥落，成为磨损的起源点，使轴承的耐磨性和疲劳性能下降，是导致轴承破损的原因之一。图中白亮条带为碳化物液析。

SGCr15 轴承钢中的球状碳化物

作　　者：许　达　魏果能
工作单位：钢铁研究总院结材料研究所
研究对象：SGCr15 轴承钢
拍摄设备：S-4300 日立冷场扫描电镜
拍摄时间：2004 年 8 月

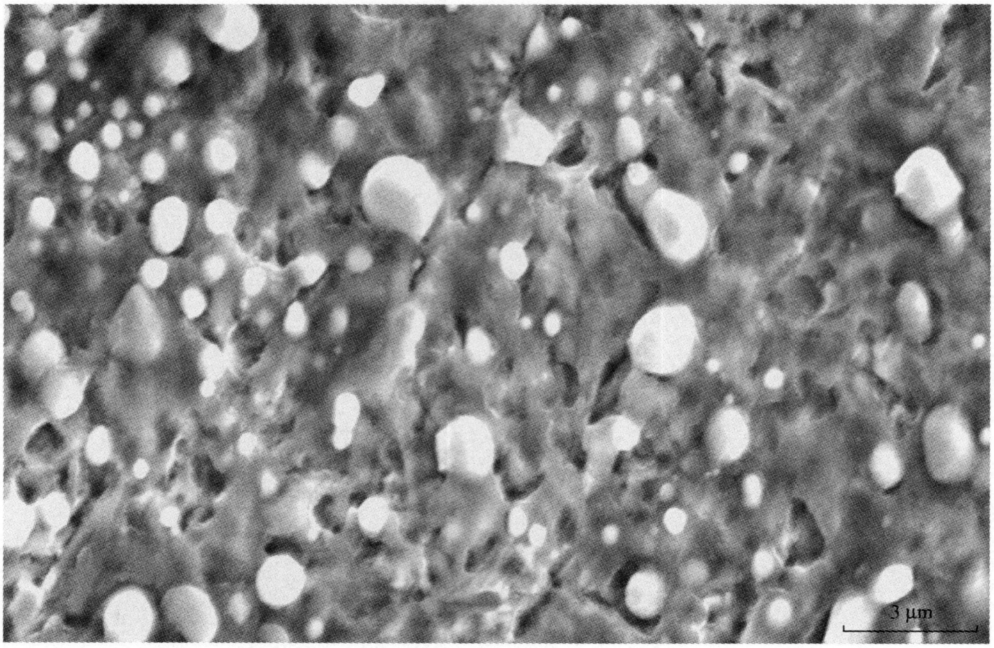

拍摄经历及技术背景：

SGCr15 轴承钢试样经 850℃淬火，160℃回火 2 h 后，在马氏体基体上均匀分布的球状碳化物形貌。

GCr15 钢网状渗碳体组织

作　　者：高建华
工作单位：石家庄钢铁有限责任公司
研究对象：GCr15 钢
拍摄设备：ZEISS Axiovert 200
拍摄时间：2008 年 6 月

拍摄经历及技术背景：

图像采集设备：ZEISS　Axiovert 200

试样成分（质量分数）：1.01%C、0.23%Si、0.37%Mn、0.016%P、0.004%S、1.49%Cr、0.01%Ni、0.02%Cu、0.014%Al。

工艺：热轧

组织说明：由于中心区域碳偏析和冷速较低，渗碳体以网状析出。

4 其　　他

GH720Li 合金扇形γ′相

作　　者：曲敬龙　杜金辉　邓　群
工作单位：钢铁研究总院高温材料研究所
研究对象：GH720Li 合金
拍摄设备：JSM-6480Lv
拍摄时间：2005 年 4 月

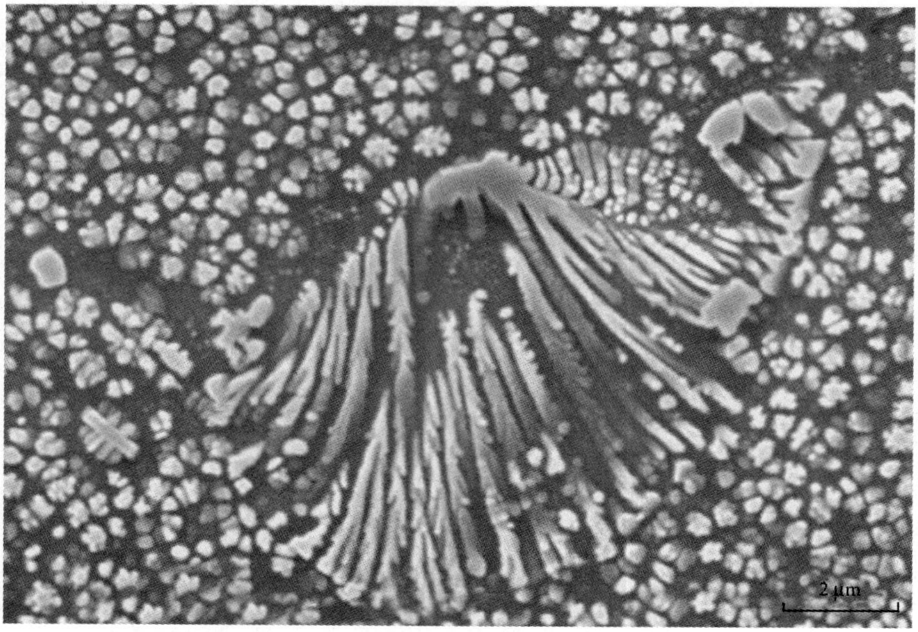

拍摄经历及技术背景：

试验所用试样取自 GH720Li 合金ϕ90 mm 热轧棒材，经过磨制、腐蚀后在扫描电子显微镜上对合金的主要强化γ′ 相组织进行观察。

GH720Li 合金是一种新型高强难变形涡轮盘材料，可广泛用于航空发动机 750℃使用的高性能涡轮盘材料，也可应用到大推力火箭发动机动力装置中。该合金主要强化相γ′的数量高达 40%～50%，并呈现不同的形貌分布，其中扇形的γ′相组织突出。通过对高强 GH720Li 合金在热加工过程中组织演变行为的研究，可以确定高强难变形高温合金 GH720Li 最佳热加工工艺。

GH4169 合金中黑斑组织

作　　者：赵长虹　邓　群　曲敬龙
工作单位：东北特钢集团技术中心
研究对象：GH4169 合金
拍摄设备：JSM-6480Lv
拍摄时间：2005 年 5 月

拍摄经历及技术背景：

GH4169 合金的致命冶金缺陷是黑斑，只在检验图片中有，在我国国内的正常生产中从来没有报道过。此次的黑斑是在非正常生产中发现的。每个晶粒中有密集的针条状 δ 相。未溶解的 Laves 相是白块状，边界圆滑（偏左两个）。下部有棱角灰白块为碳化物，边界上的空洞是材料变形产生的。

GH742y 合金中的强化相

作　　者：邓　群
工作单位：钢铁研究总院高温材料研究所
研究对象：GH742y 合金
拍摄设备：JSM-6480Lv
拍摄时间：2005 年 6 月

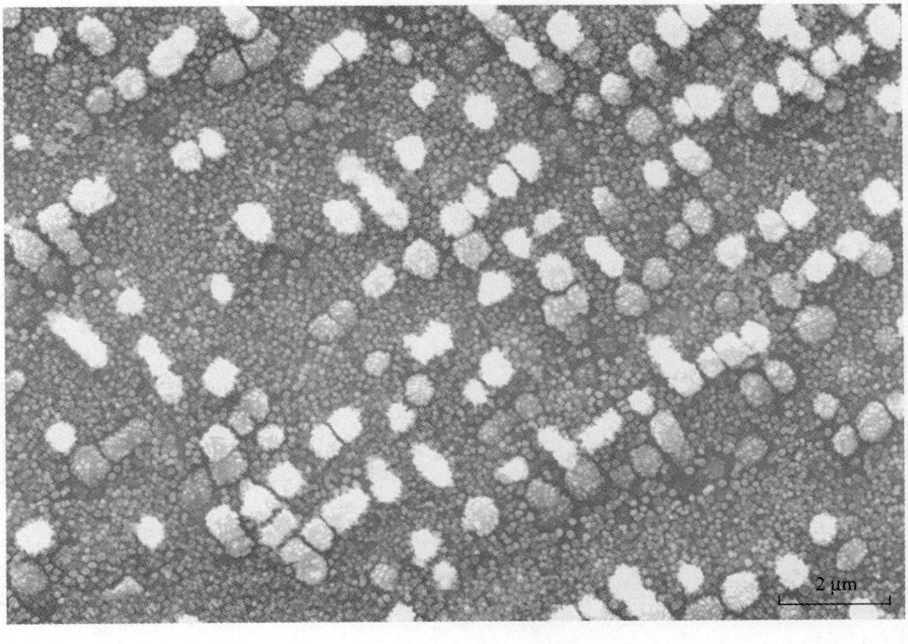

拍摄经历及技术背景：

在GH742y 锻件上取样,扫描电子显微镜下拍摄的GH742y 枝晶间大/小两种尺寸的强化相形貌。

镍基合金中的贫γ′区域及其回复

作　　者：包汉生　程世长　刘正东
工作单位：钢铁研究总院结构材料研究所
研究对象：新型镍基合金（20%Cr-60%Ni-Mo-Nb-V-Al-Ti）
拍摄设备：TH-800 透射电子显微镜、S-4300 扫描电子显微镜
拍摄时间：2005 年 10 月

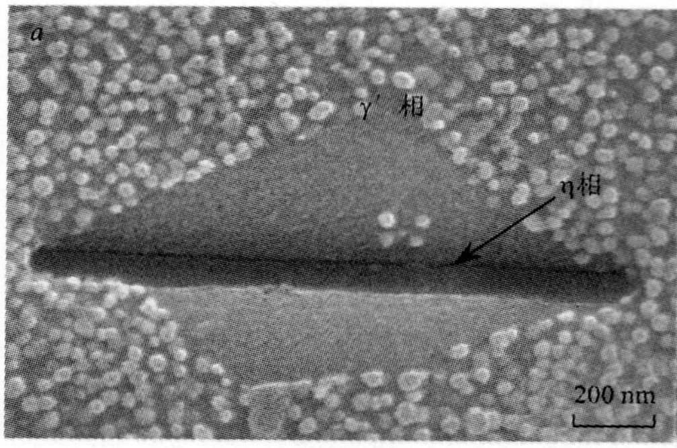

（860℃1h）

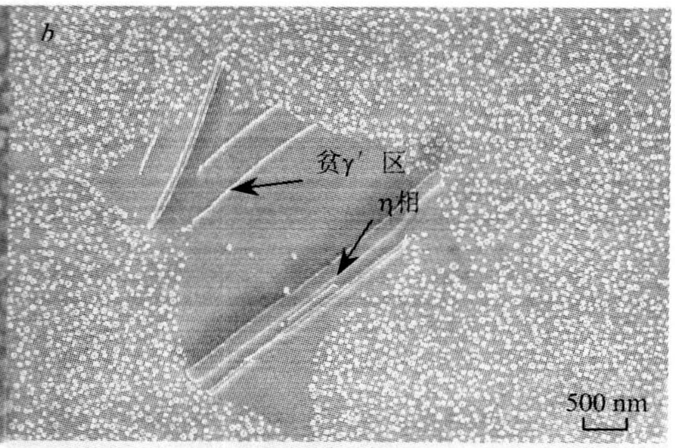

（900℃1h）

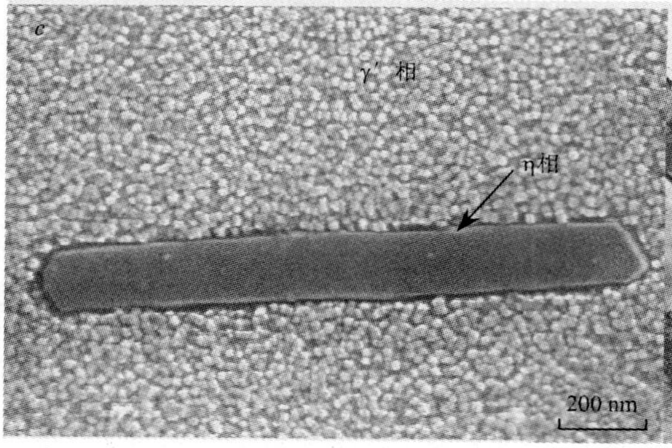

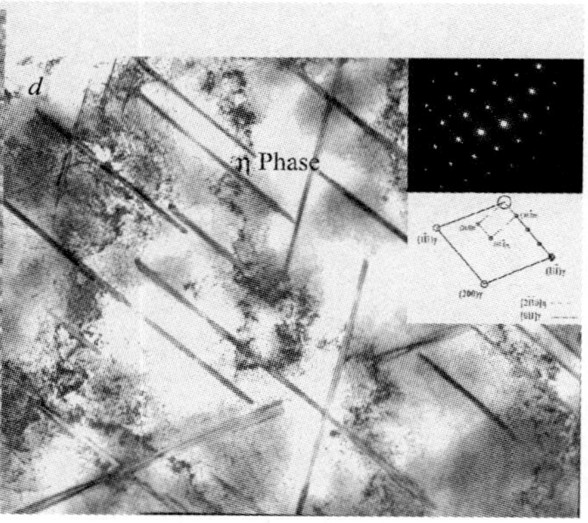

（860℃1h＋740℃8h）

拍摄经历及技术背景：

本照片为一种新型镍基合金（成分的质量分数为 20%Cr-60%Ni-Mo-Nb-V-Al-Ti）中的贫γ′区域及其回复现象，采用 S-4300 扫描电子显微镜拍摄。

照片显示，合金在 860℃固溶 1 h，η 相（Ni_3Ti 型）析出并导致在其两侧形成贫 γ′（$Ni_3(AlTi)$型）区（图 *a*）。900℃固溶 1 h，同样出现贫 γ′区（图 *b*）。而合金经 860℃

固溶 1 h +740℃×8 h 时效处理后，贫 γ′区消失（图 *c*）。由贫 γ′ 区再到回复的这一过程，是因为 η 相的析出导致其周围贫钛。而在时效处理后，基体中的钛元素不断扩散，达到一定程度后，γ′相又重新析出，从而导致贫 γ′区消失。

（注：图 *d* 为 η 相的透射电镜照片，经衍射标定为 η 相。证明了 SEM 照片中长条状析出相为 η 相。）

镍基合金中的析出相

作　　者：丑英玉　龚　武
工作单位：钢铁研究总院结构材料研究所、昆明理工大学
研究对象：新型 20%Cr-60%Ni-Mo-Nb-Ti-Al 合金
拍摄设备：S-4300 日立冷场扫描电子显微镜
拍摄时间：2007 年 9 月

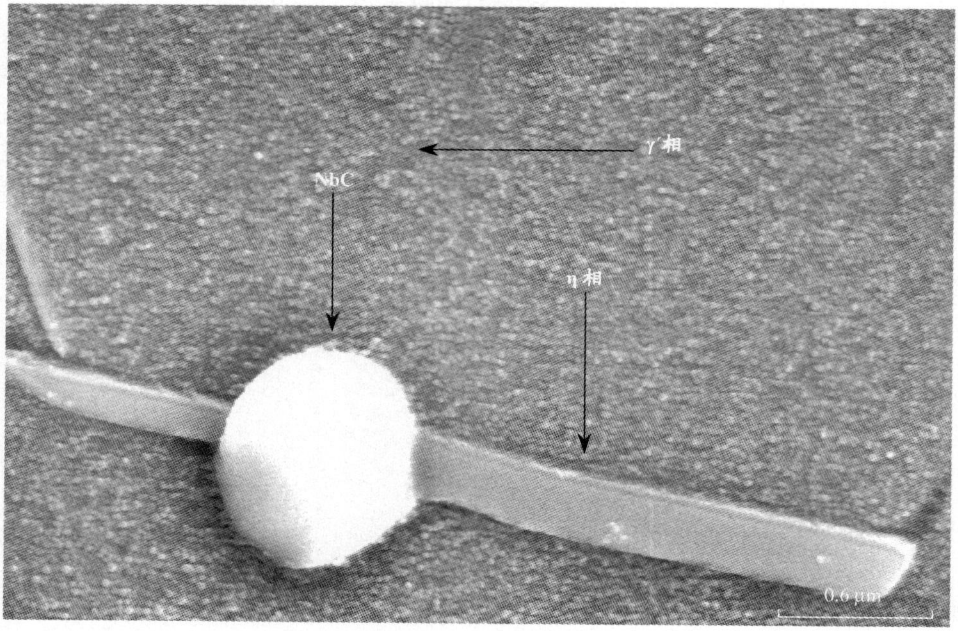

拍摄经历及技术背景：

一种新型 20%Cr-60%Ni-Mo-Nb-Ti-Al 合金。机械抛光后，20%H_2SO_4+80%CH_3OH 溶液，电压 15 V，时间为 20 s，进行电解抛光。主要作用能突出碳化物，同时抛平 γ′相。然后用 150 mL H_3PO_4+10mLH_2SO_4+15gCrO_3 溶液电解侵蚀，电压 3 V，时间为 3 s，能让抛平的 γ′相突出显示。采用 S-4300 日立冷场扫描电子显微镜拍摄。照片为合金主要析出相——大尺寸的 η 相，提高合金的室温及高温强度，但是合金的塑性和韧性降低。合金中 NbC 主要是在凝固过程中形成的，γ′相为合金主要强化相。

冷轧态 HiB 硅钢片中的岛状马氏体

作　　者：吴立新　张彦文　曾　静
工作单位：武汉钢铁（集团）公司研究院
研究对象：HiB 硅钢
拍摄设备：Quanta 400 SEM
拍摄时间：2005 年 6 月

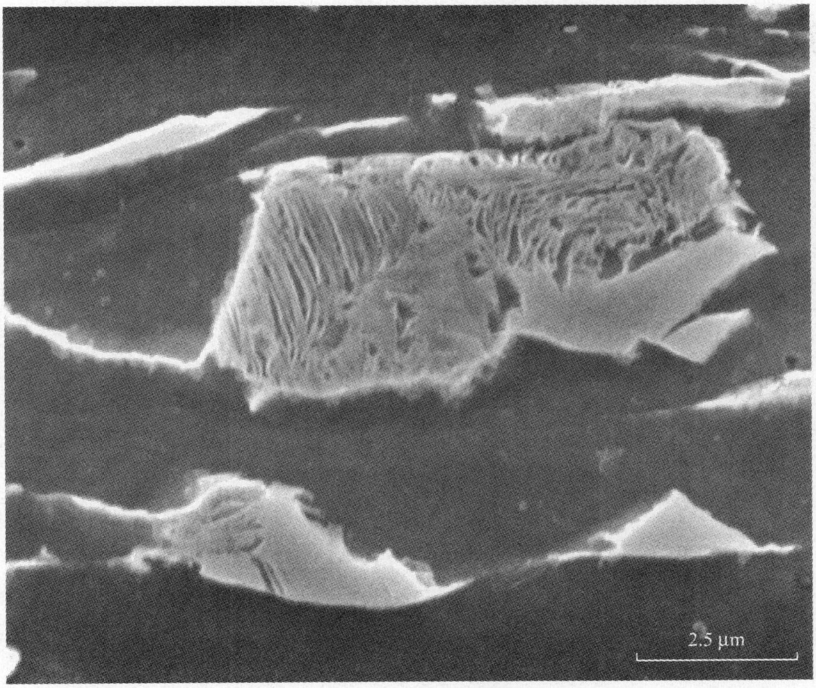

拍摄经历及技术背景：

0.5 mm 厚冷轧态 HiB 硅钢片在松卷时，钢带多部位发生横向整齐笔直的自然炸裂，炸裂口部分发生在钢带中部（未断开），部分贯穿整个钢带，现场可听到“噼噼啪啪”的炸裂声。将该钢带的纵横截面的金相抛光面用 3%的硝酸酒精溶液侵蚀后，在扫描电子显微镜下可见沿冷轧形变组织断续分布着大量岛状马氏体，其二次电子像呈白亮块状，部分无细节，部分有针状特征。硅钢中出现岛状马氏体说明组织异常，它属于硬质相，尤其是针状高碳马氏体中的精细孪晶结构是极易开裂而成为裂纹核心的。冷轧态硅钢片内部本身就存在应力，卷起时又有附加外部应力，在松卷时局部应力释放，极易造成钢带的炸裂。

硅钢中晶界条纹

作　　者：王　平
工作单位：鞍山钢铁股份有限公司技术中心
研究对象：硅钢
拍摄设备：Tecnai G^2 20
拍摄时间：2006 年 5 月

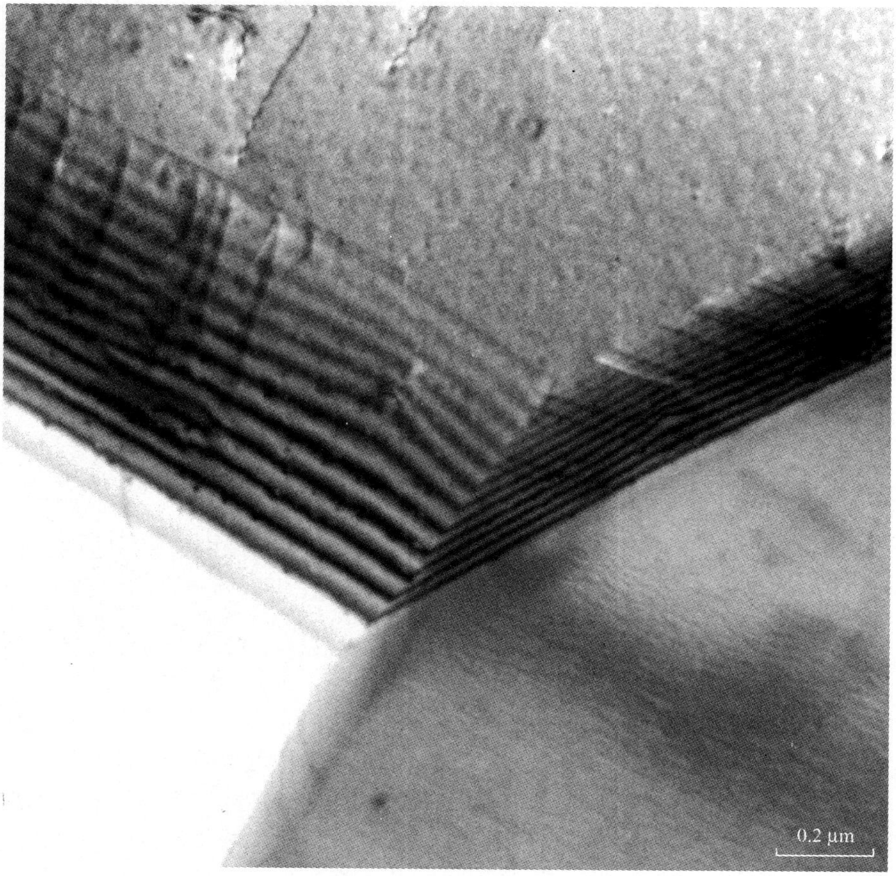

拍摄经历及技术背景：

在晶界上有 AlN 粒子分布，而在第二相粒子较大的区域，条纹像发生明显的改变。晶界条纹像配合倾转，可以精确测量样品厚度，对于定量计算（位错密度、第二相粒子体积含量）有重要意义。

硅钢连铸坯凝固组织断裂机理

作　　者：隋晓红
工作单位：鞍山钢铁股份有限公司技术中心
研究对象：硅钢连铸坯
拍摄设备：扫描电子显微镜
拍摄时间：2007 年 9 月

拍摄经历及技术背景：

样品成分（质量分数）：0.0019%～0.0021%C，1.26%～1.32%Si，0.3%～0.4%Mn，0.013%P，0.004%S。

所用样品是采用新的电磁冶金工艺浇铸的硅钢连铸坯。在分析该硅钢连铸坯凝固组织等轴晶比率变化对铸坯强度的影响时，利用扫描电子显微镜观察拉伸断口形貌。该图像为观察中所拍摄的解理断裂的“多层解理台阶”形貌。

彩涂板涂层剥落缺陷

作　　者：赵　亮　付永丽　李江华
工作单位：昆明钢铁公司技术中心
研究对象：彩涂板
拍摄设备：JSM-5610Lv 扫描电子显微镜
拍摄时间：2005 年 8 月

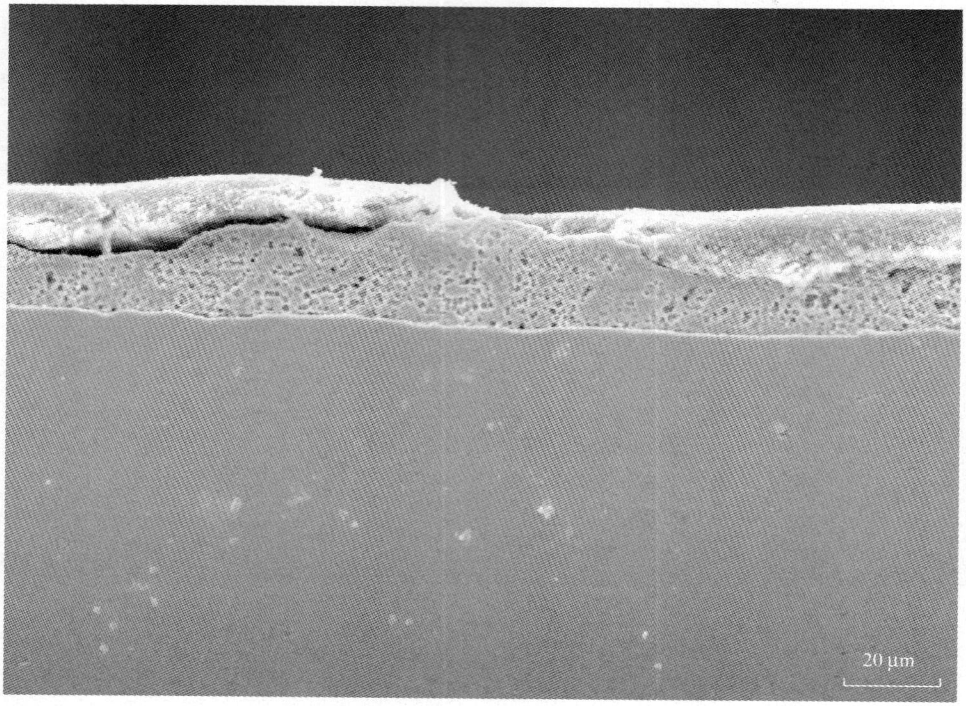

拍摄经历及技术背景：

彩涂板镀层剥落缺陷（照片中由于基板镀锌层凸起造成涂镀不良，形成涂层的剥落）。试样取自彩涂板生产线上的产品，生产线速度为 40 m/min。对试样截面进行磨制、抛光，在 JSM-5610Lv 扫描电子显微镜 650 倍下得到。

氧化皮形貌

作　　者：章华明
工作单位：钢铁研究总院结构材料研究所、昆明理工大学
研究对象：氧化皮
拍摄设备：S-4300 扫描电子显微镜
拍摄时间：2004 年 9 月

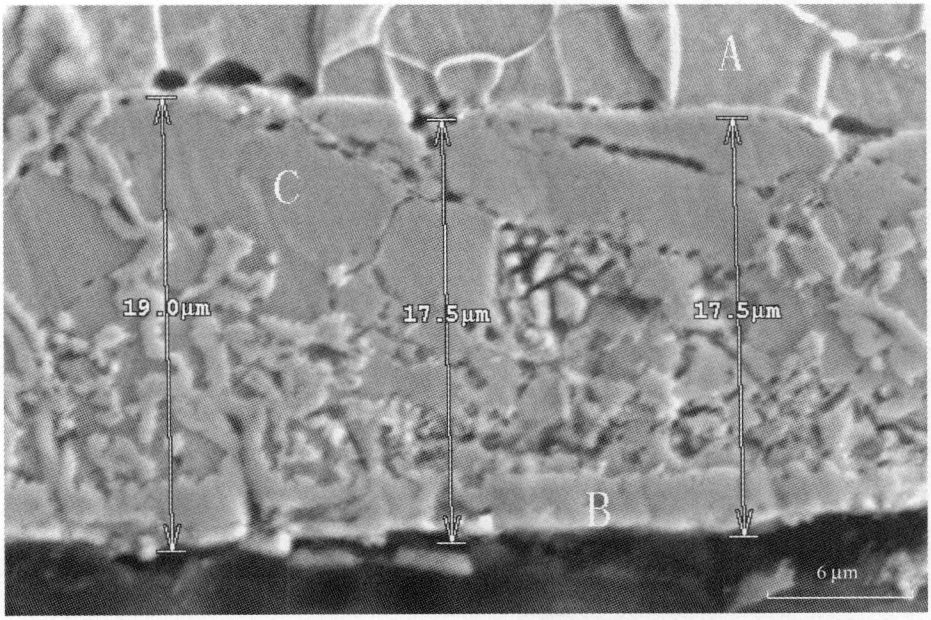

拍摄经历及技术背景：

清楚显示了 A（Fe）、B（Fe_2O_3）及 C（Fe_3O_4及 FeO）的分层现象，以及在释放内应力的情况下，氧化皮之间的碎裂。

合金化热镀锌钢板δ相特征

作　　者：金鑫焱
工作单位：宝钢股份有限公司技术中心
研究对象：烘烤硬化钢
拍摄设备：Hitachi S-4200 扫描电子显微镜
拍摄时间：2007 年 3 月

拍摄经历及技术背景：

利用热镀锌模拟设备进行烘烤硬化钢热镀锌及合金化模拟，获得欠合金化的镀层组织。使用添加缓蚀剂的 5%HNO_3 水溶液，将镀层表面的η相腐蚀掉，留下镀层内部的ζ相和δ相，采用 Hitachi S-4200 扫描电子显微镜拍摄。图为生长过程中的δ相的微观结构，δ相晶体为六边形薄片，且呈现层叠形式，这可能反映了δ相的生长方式。

电镀钢丝表面形貌

作　　者：张国珍
工作单位：江苏法尔胜公司材料分析测试有限公司
研究对象：电镀钢丝表面
拍摄设备：LEO 1450VP 扫描电子显微镜
拍摄时间：2002 年 8 月

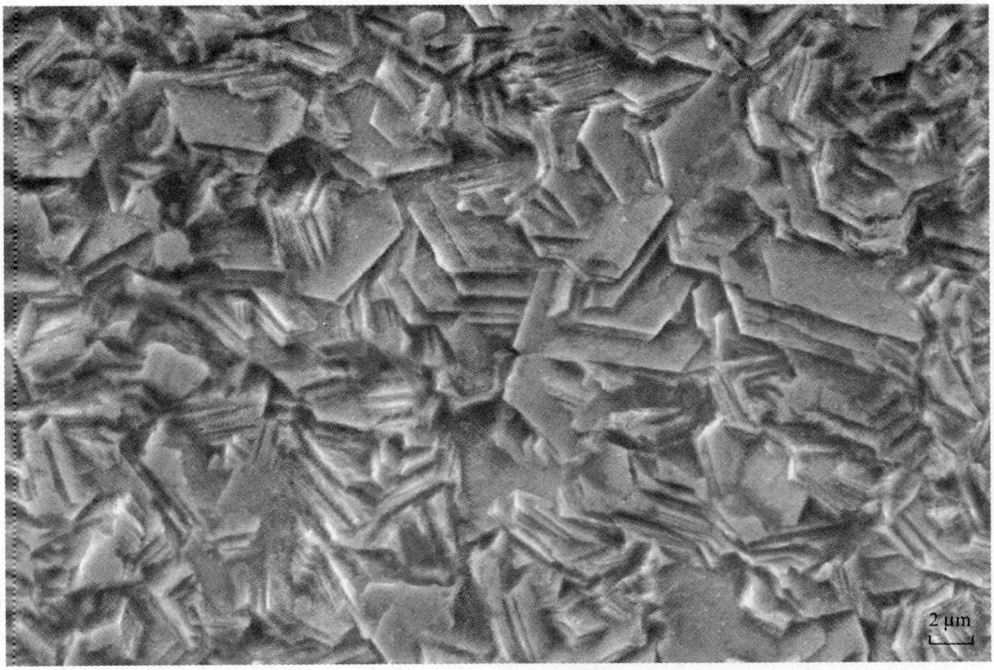

拍摄经历及技术背景：

钢丝电镀的表面形貌，呈不规则的盔甲状，通过形貌可以判断出钢丝的耐腐蚀性能，一般情况下不规则形貌的耐腐蚀性能强，排列规则形貌的耐腐蚀性能差。

钢丝表面的镀锌层组织

作　　者：张国珍
工作单位：江苏法尔胜材料分析测试有限公司
研究对象：钢丝表面的镀锌层
拍摄设备：LEO 1450VP 扫描电子显微镜
拍摄时间：2007 年 2 月

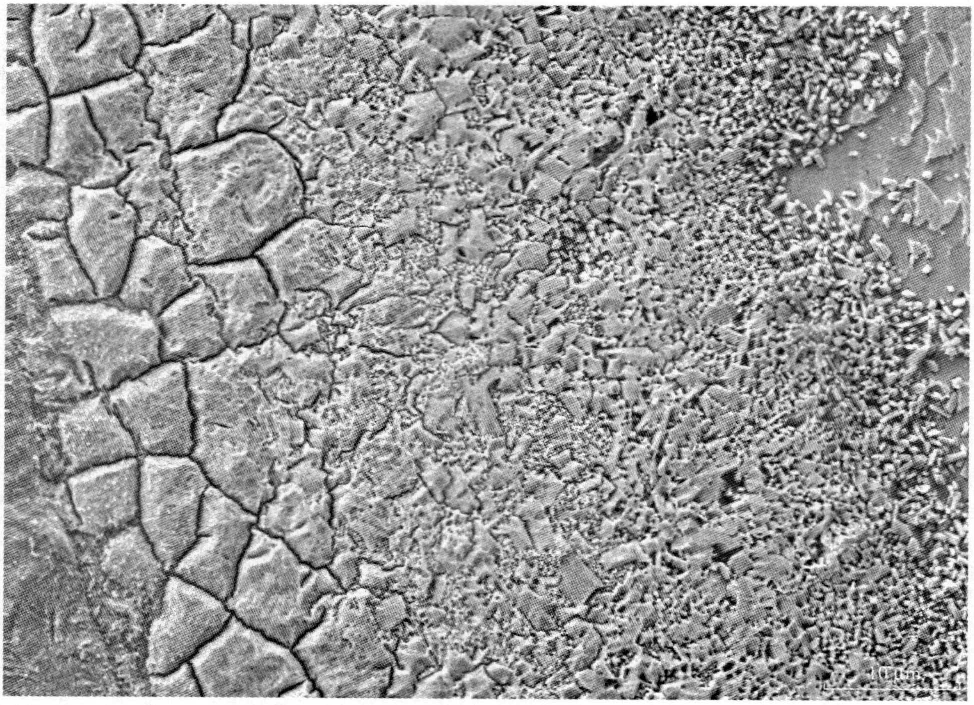

拍摄经历及技术背景：

工艺：热镀锌

制备：正常制样，4%硝酸酒精腐蚀

组织说明：从左到右组织为镀锌层的δ1 相（栅状层），ξ相（漂走层），η相（纯锌层）。

C-Mn 钢中晶内夹杂物上铁素体形核的 EBSD 表征

作　　者：吴立新
工作单位：武汉钢铁（集团）公司研究院
研究对象：C-Mn 钢
拍摄设备：Quanta 400SEM、Oxford EBSD
拍摄时间：2006 年 12 月

拍摄经历及技术背景：

在研究钢中铁素体转变以细小夹杂物形核机制过程中，将普通 C-Mn 钢小块试样在精密盐浴炉中加热到 1250℃奥氏体化 10 s,随炉冷至 690℃保温 40 s，随后水淬至室温。在试样的金相磨面上，可观察到一些在 690℃刚刚转变成的小块状铁素体，其周围是未转变的奥氏体水淬后形成的板条马氏体，而铁素体中心均有细颗粒状夹杂物。能谱分析表明，其大多为 MnS、Al_2O_3、VN 或其复合夹杂。

本图片是用 EBSD 对其中典型区域做的铁素体晶粒取向分布图，绿、蓝、红三色分别代表体心立方铁素体的（101）、（111）、（100）方向，黑色像素点是未能解析的盲点（非铁素体点）。由图可见：初生铁素体主要呈（101）取向，其中有一些放射状的亚晶界或小角度晶界（颜色差别甚微）。其周围因马氏体晶格畸变较大，所以未能解析的盲点较多。能谱分析表明。铁素体中心为 MnS 夹杂颗粒，MnS 夹杂附近贫锰，成分起伏差别较大，有利于形核。这是铁素体以颗粒状 MnS 夹杂形核的典型证明。

冷轧双相钢组织

作　　者：田玉伟　王　强
工作单位：本溪钢铁公司
研究对象：冷轧双相钢
拍摄设备：蔡司显微镜
拍摄时间：2007 年 3 月 23 日

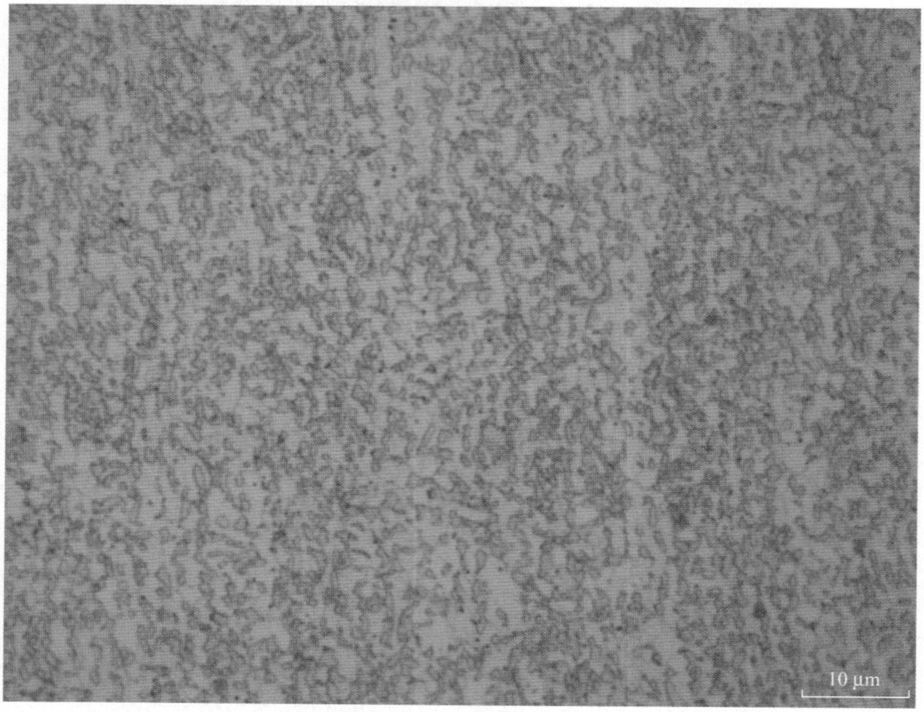

拍摄经历及技术背景：
显微组织：铁素体与马氏体；
该组织为热轧板经冷轧和连续退火获得，为具有良好强韧性的冷轧双相钢组织。

TRIP 钢彩色金相

作　　者：张　敏　刘继雄　李平和
工作单位：武汉钢铁（集团）公司研究院
研究对象：TRIP 钢
拍摄设备：Leica DM6000M
拍摄时间：2006 年 9 月

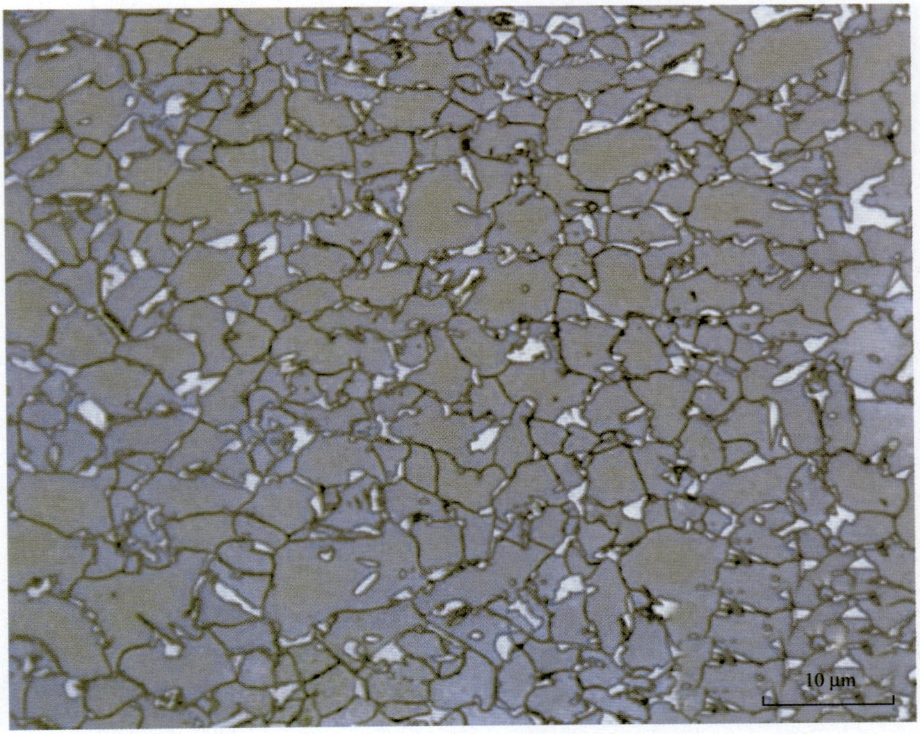

拍摄经历及技术背景：

TRIP 钢经磨制抛光成金相试样后，用 Lepera 试剂（即 1%偏重亚硫酸钠（$Na_2S_2O_5$）蒸馏水溶液+4%苦味酸酒精溶液），以 1:1（体积比）搅拌均匀混合作为腐蚀剂，然后将试样浸入腐蚀液中侵蚀试样，使腐蚀面泛出蓝橙般的光泽。在光学显微镜（Leica DM6000M）下观察试样组织，可清晰地观察到铁素体（蓝色）、M-A 岛（白色）和 M-A 岛中及附近的贝氏体（棕色）。

X80 钢板彩色金相

作　　者：张　敏　李平和　刘继雄　孙宜强
工作单位：武汉钢铁（集团）公司研究院
研究对象：X80 钢
拍摄设备：Leica　DM6000M
拍摄时间：2007 年 5 月

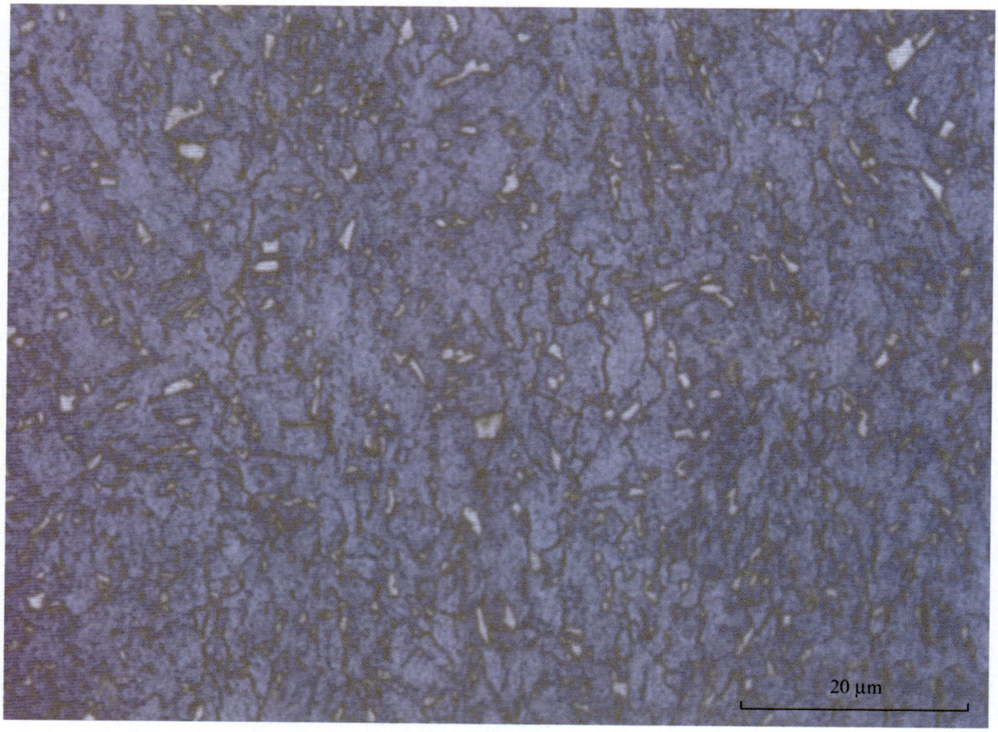

拍摄经历及技术背景：

试样取自 X80 钢卷中部，经磨制抛光后，用 Lepera 试剂（即 1%偏重亚硫酸钠（$Na_2S_2O_5$）蒸馏水溶液+4%苦味酸酒精溶液），以 1:1 体积比均匀搅拌混合作浸蚀剂。将试样浸入腐蚀液中侵蚀试样。在光学显微镜（Leica DM6000M）下观察试样中的组织，蓝色为针状铁素体、白色为马氏体-奥氏体岛（M-A 岛）、棕色为贝氏体。

X80 管线钢中针状铁素体的 EBSD 研究

作　　者：吴立新
工作单位：武汉钢铁（集团）公司研究院
研究对象：X80 管线钢
拍摄设备：Quanta 400 SEM
拍摄时间：2008 年 6 月

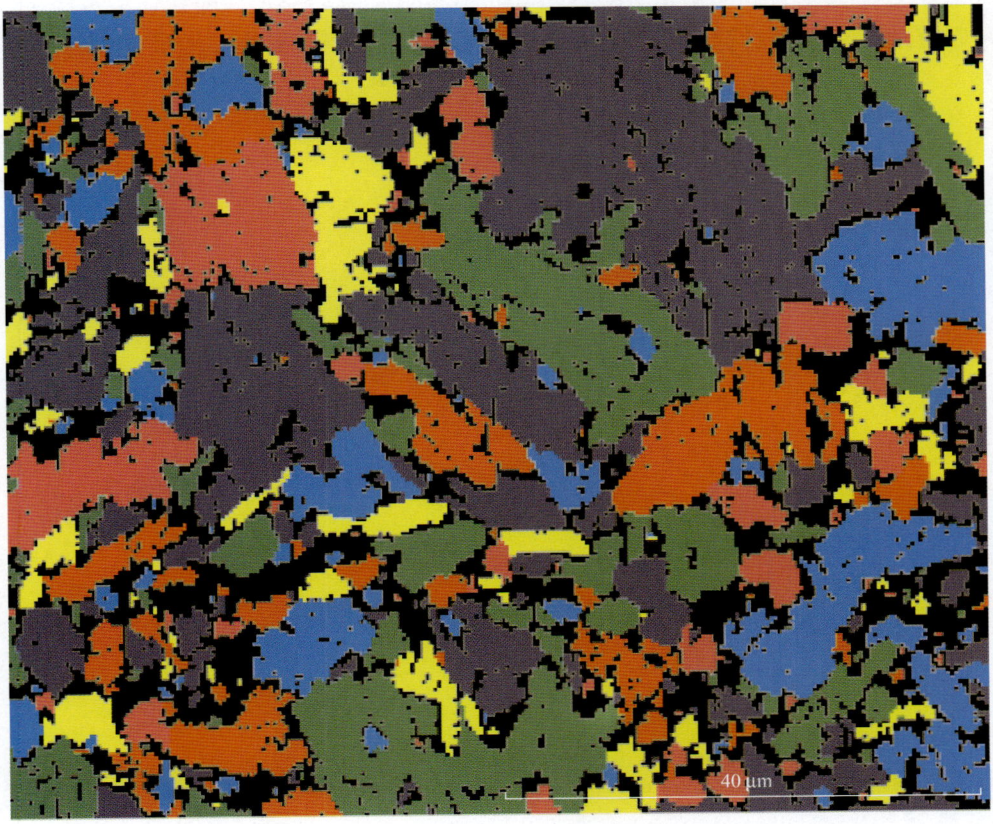

拍摄经历及技术背景：

对管线钢的研究表明，钢中重要的组织单元是有效晶粒，有效晶粒尺寸在不同组织中具有不同的概念和含义。在一般的铁素体-珠光体型管线钢中，多边形铁素体的晶粒直径就代表铁素体-珠光体型低碳钢的有效晶粒尺寸。因多边形铁素体晶界一般为大角度晶界，传统的硝酸酒精浸蚀法可很好地显示多边形铁素体的形状。在高钢级 X80 管线钢中，组织特征为针状铁素体。它呈不规则非多边形状，晶粒间界模糊，没有“完整”连续的晶界，晶粒度参差不一。晶粒间和晶内分布着极细小的岛状物（M-A 岛和渗碳体），晶粒中隐约可见亚晶条纹。TEM 下具有细微亚结构和高密度位错及部分细板条铁素体，传统腐蚀方法无力精确测量它。近十年发展起来的 EBSD（电子背散射衍射）装置，配合扫描电镜使用，对针状铁素体的有效晶粒尺寸的测量是行之有效的。本图像是在 1000 倍下以相邻晶粒取向差不小于 10° 为门槛值用 EBSD 所作的针状铁素体有效晶粒分布图，它将原先模糊的晶界以取向差不小于 10° 为门槛值作了界定，图中黑色块状区域为未解析相，是组织中的岛状物（M-A 岛或渗碳体）。统计测量结果表明：有效晶粒直径为 3.57 μm。利用 EBSD 对针状铁素体有效晶粒尺寸的统计测量结果，可很好地解释高钢级管线钢热轧卷外圈、中圈、内圈不同部位的组织与性能的关系。

无碳化物贝氏体钢

作　　者：杨丽珠　徐道元　陈　斌　陈联满
工作单位：马鞍山钢铁股份有限公司技术中心
研究对象：20SiMn2MoV
拍摄设备：Axiovert-200MAT
拍摄时间：2005 年 2 月

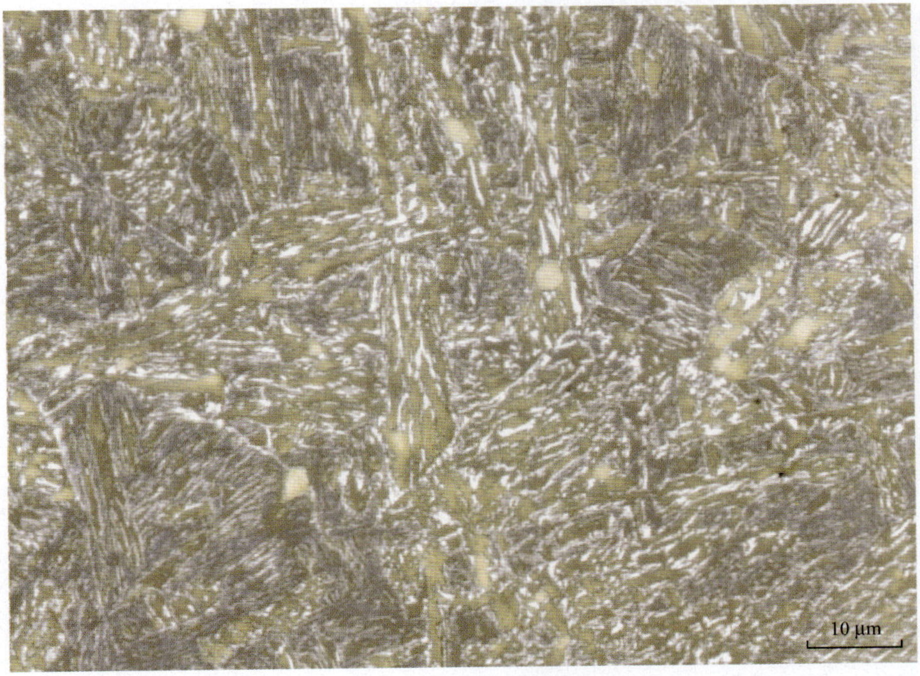

拍摄经历及技术背景：

20SiMn2MoV 无碳化物贝氏体钢试样经 920℃加热水淬，室温组织为无碳化物贝氏体+少量粒状贝氏体+少量奥氏体。图中棕黄或棕红色为铁素体，蓝色为贝氏体，白色为奥氏体。

17CrNiMo 中板条马氏体的 Block 形态

作　　者：王春芳
工作单位：钢铁研究总院结构材料研究所
研究对象：17CrNiMo 钢中淬火马氏体
拍摄设备：JEOL6500F 热场发射 SEM 和 EDAX/TSL 的 PEGASUS1200 集成的 EBSD/EDS 系统
拍摄时间：2005 年 11 月

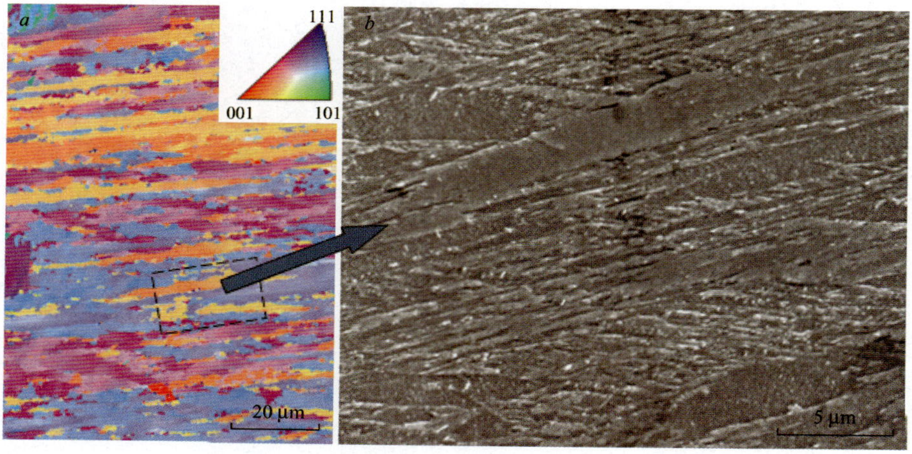

拍摄经历及技术背景：

板条状马氏体是低、中碳钢，马氏体时效钢等铁系合金中形成的一种重要的马氏体组织。马氏体的强韧性较大程度依赖于 Packet 和 Block 尺寸。板条马氏体微结构的结晶学特征一直没有被完全阐释清楚。当前的观点是奥氏体晶粒被分成若干个 Packets（具有同一惯习面的板条束组），每一 Packet 被进一步分成 Blocks。20 世纪 90 年代以后，随着电子背散射衍射技术（EBSD）的发展，可以对晶界类型、取向位向差和结构及其分布进行观察、统计测定和定量分析从而使显微组织、微区成分与结晶学数据分析联系起来。本照片选用 17CrNiMo 淬火马氏体为研究对象，分析区域在一个 Packet。图 *a* 为一个 Packet 的晶体取向，图 *b* 为图 *a* 中黑色虚线框区域的 SEM 像。图 *a*、*b* 对照可以清晰看到取向完全不同（黄色和蓝色）的板条马氏体的形态，以及取向大致相同（蓝色）的板条马氏体板条形态。SEM 像在 HITACHI S-4300 获得，加速电压 15 kV。EBSD 测试在 JEOL6500F 热场发射 SEM 和 EDAX/TSL 的 PEGASUS1200 集成的 EBSD/EDS 系统中进行。SEM 加速电压 30 kV，入射束流 100 nA，工作距离 10 mm。EBSD 系统采用 DigiView1612CCD 相机收集 EBSD 花样，相机分辨率为 1300×1030。取向图步长 0.2 μm。

304 不锈钢薄带表面裂纹周围的枝晶形貌

作　　者：黄福祥
工作单位：北京科技大学冶金与生态工程学院
研究对象：304 不锈钢
拍摄设备：光学显微镜
拍摄时间：2008 年 5 月

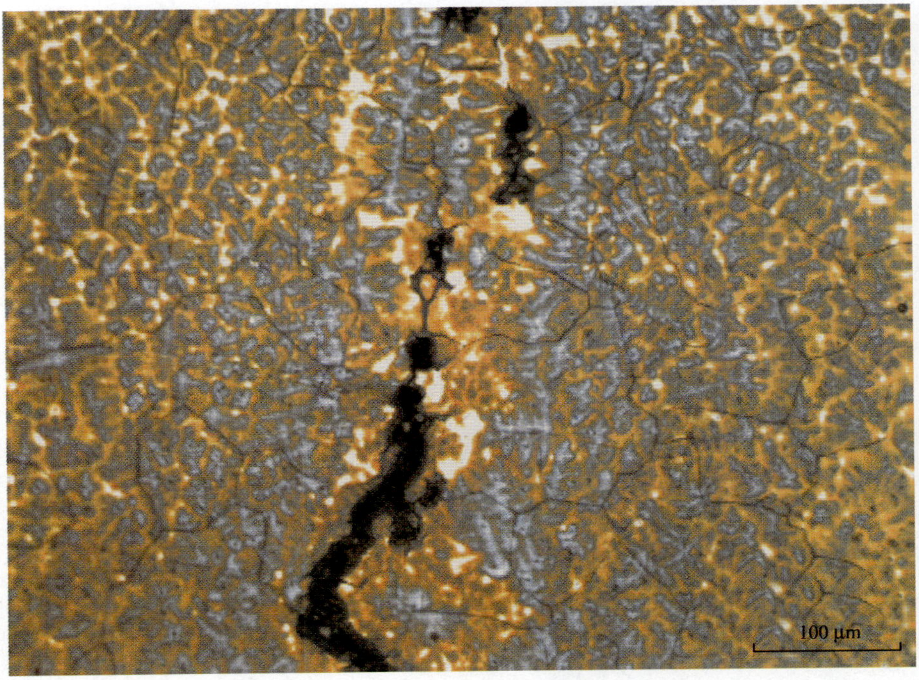

拍摄经历及技术背景：

采用氟化氢铵、焦亚硫酸钾溶液对双辊薄带连铸 304 不锈钢薄带表面裂纹周围的树枝晶形貌进行显示。发现在表面裂纹附近的二次枝晶比无裂纹区粗大，说明裂纹附近的冷却速率明显低于非裂纹区域，并且一次枝晶晶轴的生长方向明显不同于其周围的非裂纹区域，也就是说在有表面横裂纹产生的区域，热流密度的方向也发生了明显变化。

Inconel-600 合金染色奥氏体组织

作　　者：王焕玲　宋志刚　郑文杰　季祥民
工作单位：钢铁研究总院结构材料研究所
研究对象：Inconel-600 合金
拍摄设备：Olympus Gx51 金相显微镜
拍摄时间：2006 年 12 月

拍摄经历及技术背景：

Inconel-600 合金典型奥氏体组织：染色后放大 100 倍下的奥氏体组织。

超级双相不锈钢的固溶组织

作　　者：吴忠忠　宋志刚　郑文杰　王焕玲
工作单位：钢铁研究总院结构材料研究所
研究对象：00Cr25Ni7Mo4N 超级双相不锈钢
拍摄设备：Olympus Gx5 金相显微镜
拍摄时间：2005 年 8 月

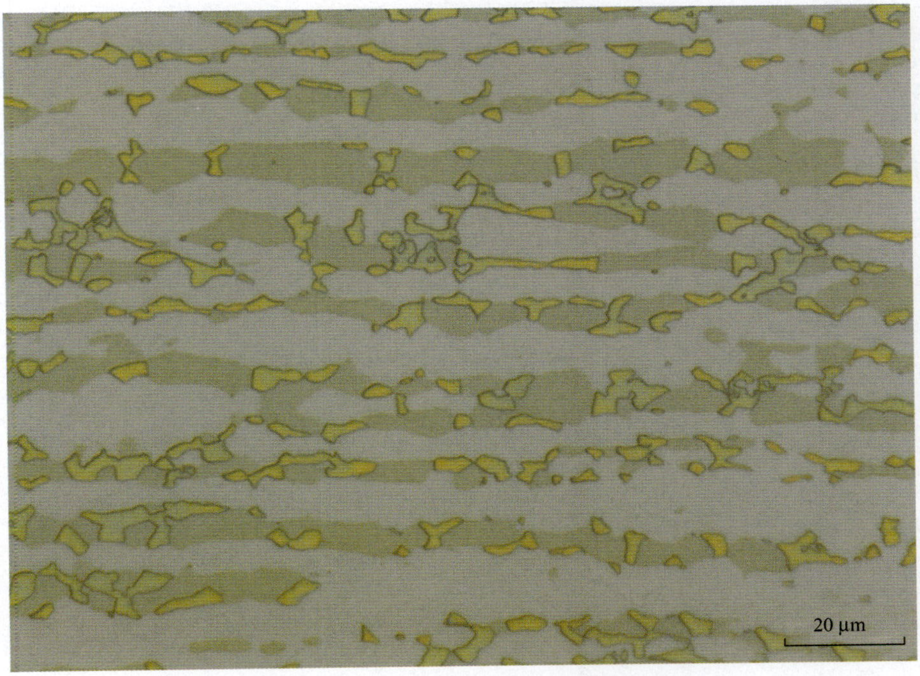

（浅蓝色是奥氏体;浅红色是铁素体;橙色是金属间相）

拍摄经历及技术背景：

00Cr25Ni7Mo4N 超级双相不锈钢锻造后经 1000℃固溶处理的组织，由铁素体、奥氏体和金属间相三相组成。由于固溶时间长，析出相形成于奥氏体和铁素体的界面并在铁素体中长大，使钢塑韧性显著下降，导致加工生产容易开裂。

HDR 双相不锈钢的组织

作　　者：盖秀颖
工作单位：中国科学院金属研究所
研究对象：HDR 双相不锈钢
拍摄设备：Zeiss Axiophoto2 Image 显微镜
拍摄时间：2005 年 8 月

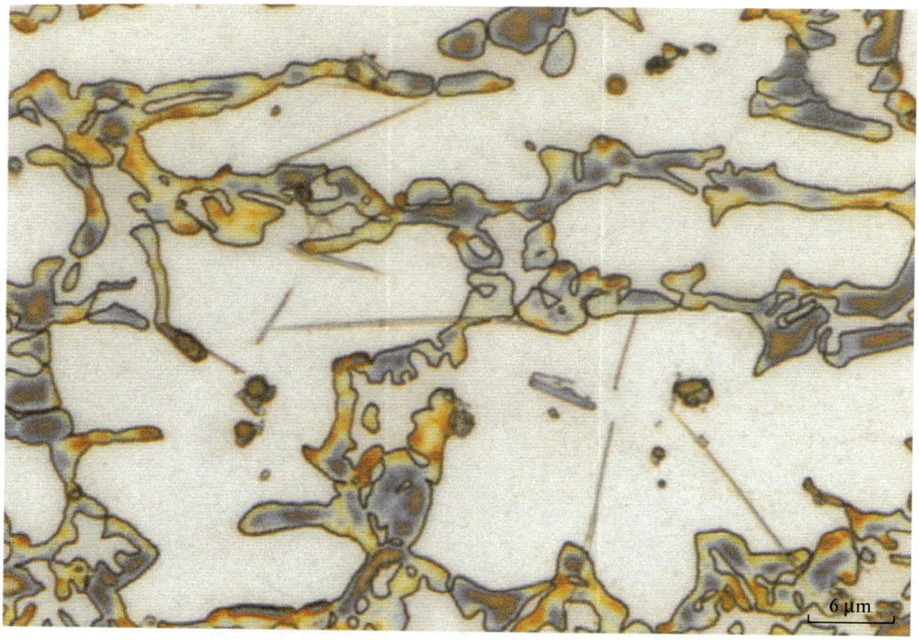

拍摄经历及技术背景：

HDR 双相不锈钢为国外进口钢，与我国的 00Cr25Ni6Mo3N 相当，具有良好的耐应力腐蚀、耐点蚀性能，常用来制作在海水中工作的结构件。因此近几年广泛应用于国防工业和制造业。这种材料由于铁素体含量多，因此在一般的固溶处理时容易产生形成σ、χ 脆性相，影响钢材的正常使用。图中的组织为 HRD 钢经过 1090 ℃ 固溶处理后，800 ℃ 保温 1 h 空冷的金相组织，腐蚀试剂为 $KOH(30g)+K_6(FeCN)_3(30g)+60mLH_2O$,在 40～50℃腐蚀 10 s 得到的金相组织，该组织包含针状σ相（灰色），白色为基体奥氏体，剩余组织为铁素体。

双相不锈钢彩色金相组织

作　　者：林　刚　沈继程　张志霞
工作单位：上海宝山钢铁股份有限公司研究院
研究对象：00Cr25Ni7Mo3N(UNSS32750)型超级双相不锈钢
拍摄设备：光学显微镜
拍摄时间：2006 年 3 月

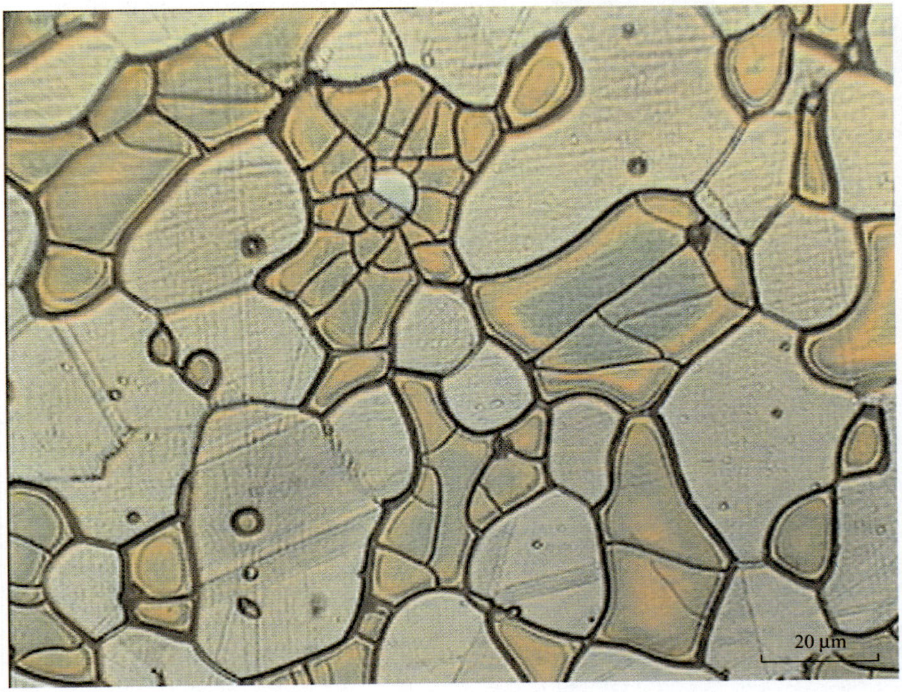

拍摄经历及技术背景：

拍摄经历：先将抛光后的双相不锈钢试样用硝酸水溶液进行电解侵蚀（选择适当的溶液浓度、电压及时间），然后将试样表面清洗干净；再用氢氧化钾水溶液进行电解侵蚀（选择适当的溶液浓度、电压和时间），这样可同时显示出奥氏体和铁素体晶界、奥氏体孪晶，并使铁素体着色。图中：铁素体为红色或绿色，奥氏体未着色。使用本方法，如果双相不锈钢中含有σ等金属间相，可显示其为红棕色，如果有较大颗粒的氮化物或碳化物存在，也可显示出来。

试样成分（质量分数）：0.022%C、0.34%Si、0.77%Mn、0.027%P、0.008%S、7.00%Ni、24.43%Cr、3.38%Mo、0.30%N、其余 Fe。

组织：主要为奥氏体和铁素体，可能有微量的氮化物和碳化物。

钢材性能：此钢属于 00Cr25Ni7Mo3N(UNSS32750)型超级双相不锈钢，具有优异的耐腐蚀性能和良好的综合力学性能，尤其耐氯化物等苛刻介质的点腐蚀、缝隙腐蚀和应力腐蚀开裂，可与高镍的超级奥氏体不锈钢以及镍基合金相媲美，是化学工业、石化行业、纸浆和造纸工业急需的一种高性能结构材料。

工艺：工业生产冶炼出铸锭，然后经热锻、热轧加工得到棒料；再在 1050℃保温 30 min，水冷；最后在棒料上横向截取金相试样。以往的侵蚀方法：双相不锈钢金相组织的侵蚀方法较多，但以往的方法只能侵蚀出双相不锈钢中的部分组织形貌。或只显示出两相组织，不能显示各相晶界；或只显示铁素体及其晶界，不能显示奥氏体晶界。在以往国内外的书籍及相关文献资料中，没有见到同时显示出奥氏体和铁素体晶界、奥氏体孪晶，并使铁素体着色的图片，相关的侵蚀方法也没有提到。